JN023848

統計入門

足達義則・市原寛之　共著

学術図書出版社

はじめに

　本書は確率・統計を学ぶ人のための入門書，および演習書であり，高等学校初学年の確率，データ分析よりも深く学修します．前半は確率論の基礎を，後半では統計の基本的な理論ならびに手法などを扱っています．

　本書を読むにあたっては，多くは高等学校程度，一部は大学教養程度の微積分の知識があれば十分であり，確率や統計に関する予備知識はほとんど必要としません．

　本書で扱っている内容は確率・統計の基本的なものであり，必要な概念はその都度わかりやすく説明しているつもりです．命題などの導出や証明もできる限り数式による証明をつけて，曖昧なままに捨て置かないようにしています．また，例題や練習問題を多数配置して，理解の一助にしています．さらに，各章末には応用問題を多数載せており，確認ができるように巻末に略解を付けています．

　高度情報化社会といわれて久しいものの，情報を受け取る側はそれほど変わったわけではありませんし，現実の世界は不規則で偶発的な変動にさらされています．これらの偶然を乗り越え，意味のある情報を導き出すには，どのような方法をとればよいかを統計学は教えてくれます．また，どの程度の信頼性があるかも統計学は教えてくれます．開票率0%で当選確実が出るのも，降水確率が当たるのも，背後に統計学があるからです．

　変化の激しいグローバル社会で勝ち抜くためには，統計学的発想は必要不可欠となっています．データサイエンスが重宝されるのも，こうした社会に対応するためでしょう．日々生み出されるデータから意味のある情報を引き出すために，統計学は有用な手法を提供してくれます．これらを有効に活用し，よりよい未来に活かしていく必要があります．そのために，大学でのテキストとしてだけでなく，一般の方々にも役立つことを希望して，例題を通して感覚的に

も理解できるようにしたつもりです．

　本書の構成は，第1章では集合と場合の数，第2章では確率について基礎から説明しています．第3章では最も基礎となる二項分布をはじめとする離散型の確率分布を説明し，第4章では全ての事象の基礎となる正規分布，第5章では正規分布から導出される連続型の確率分布を関連性も含めて説明しています．第6章ではデータを感覚的に捉えるための記述統計を，第7章では標本から得られた情報をもとに母集合を推測する推測統計を説明しています．第8章ではさまざまなケースの仮説を検定するためのプロセスを説明しています．

　本書をまとめるにあたり，多岐にわたり指導して頂いた学術図書出版社の発田孝夫氏に感謝いたします．

　　2023年7月

著　者

目 次

1

集合と場合の数

1.1 集合と要素の個数

1.1.1 集合

ある性質を満たすものの集まりを取り扱う.

集合の定義

集合 (group) とは，一定の条件を満たすものの集まりのこと.

ただし，客観的に満たすかどうかが明確でなければならない.

なお，主観的な表現 (背の高い人など) で定義できるファジィ集合というものもあるが，ここでは対象としない.

集合は A, B などの文字で表し，集合を構成している個々のものをその集合の**要素** (element) という．a が集合 A の要素であるとき，a は集合 A に**属する**といい，$a \in A$ と表す．また，b が集合 A の要素でないとき $b \notin A$ と表す.

集合の表し方

   ① $A = \{2, 3, 5, 7\}$ $\cdots$ 要素をすべて列挙する表し方

   ② $A = \{x \mid x$ は 1 けたの素数 $\}$ $\cdots$ 要素の満たす性質 (条件) を書く表し方

  例 自然数のうち，偶数全体の集合は

      ①の方法では，$\{2, 4, 6, \cdots\}$

      ②の方法では，$\{2n \mid n$ は自然数 $\}$

と表すことができる.

▌部分集合▐

2つの集合 A, B において, A の全ての要素が B の要素になっているとき, A は B の**部分集合**であるといい,

$$A \subset B \quad \text{または} \quad B \supset A$$

と表す. このとき, A は B に**含まれる**, または, B は A を**含む**という. なお, A は A の部分集合である.

集合 A と B の要素がすべて一致するとき, A と B は**等しい**といい, $A = B$ で表す. また, 要素が全くない集合を**空集合**といい, ϕ で表す. 空集合はすべての集合の部分集合である.

練習 **1.1** 集合 $\{1, 3, 5\}$ の部分集合をすべて求めよ.

$$[\{\phi\}, \{1\}, \{3\}, \{5\}, \{1, 3\}, \{3, 5\}, \{1, 5\}, \{1, 3, 5\}]$$

▌共通部分と和集合▐

2つの集合 A, B において, A, B に共通な要素全体の集合を A と B の**共通部分**といい, $A \cap B$ で表す.

また, A か B のいずれかに属する要素全体の集合を A と B の**和集合**といい, $A \cup B$ で表す.

練習 **1.2** $A = \{1, 2, 3, 6\}, B = \{1, 3, 5, 7\}$ のとき, $A \cap B$ および $A \cup B$ を求めよ.

$$[A \cap B = \{1, 3\}, \ A \cup B = \{1, 2, 3, 5, 6, 7\}]$$

▌補集合▐

集合を考えるとき, あらかじめ1つの集合 U を定め, その部分集合について考えることが多い. このとき, 集合 U を**全体集合**という.

また, 全体集合 U の部分集合 A に対して, A に属さない U の要素全体の集

合を A の**補集合**といい，$\overline{A}$ で表す．すなわち，次のように表される．

$$\overline{A} = \{x \,|\, x \in U \text{ かつ } x \notin A\}$$

補集合については，次のことが成り立つ．

$$A \cap \overline{A} = \phi, \ A \cup \overline{A} = U, \ \overline{(\overline{A})} = A$$

また，次のド・モルガンの法則が成り立つ．

ド・モルガンの法則

$$\overline{A \cup B} = \overline{A} \cap \overline{B}, \quad \overline{A \cap B} = \overline{A} \cup \overline{B}$$

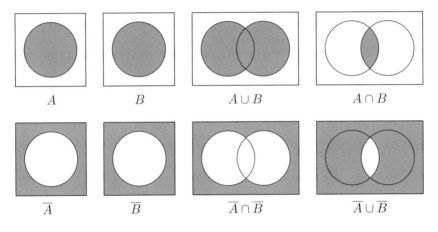

図 1.1 ド・モルガンの法則のベン図による表示

1.1.2 集合の要素の個数

要素の個数が有限である集合を**有限集合**といい，無限に多くの要素からなる集合を**無限集合**という．

集合 A が有限集合のとき，その要素の個数を $n(A)$ で表す．空集合 ϕ には要素がないから，$n(\phi) = 0$ である．

▌和集合の要素の個数▐

2つの集合 A, B に共通の要素があるときとないときで，要素の個数の求め方が異なる．

① $A \cap B = \phi$ のとき，$n(A \cup B) = n(A) + n(B)$

② $A \cap B \neq \phi$ のとき，$n(A \cup B) = n(A) + n(B) - n(A \cap B)$

▌補集合の要素の個数▐

全体集合を U，その部分集合を A とし，補集合を $\overline{A}$ とすると

$$n(\overline{A}) = n(U) - n(A)$$

練習 **1.3** 100 以下の自然数のうち，2の倍数または3の倍数である数の個数を求めよ．

$$\left[n(2 \text{ の倍数}) + n(3 \text{ の倍数}) - n(6 \text{ の倍数}) = 67 \right]$$

練習 **1.4** 50人のクラスで，数学と英語の試験をおこなった．その結果，数学の合格者は 32 人，英語の合格者は 38 人，両方とも不合格だった生徒は 4 人であった．このとき，数学または英語の少なくとも一方が不合格であった生徒の人数を求めよ．

$$[26 \text{ 人}]$$

1.2 場合の数

文字の並べ方の数など，少しずつ異なったものがあり，全部で何通りあるか数え上げることができる事柄がある．このような場合，実際に数え上げられた数のことを取り扱う．

```
┌─ 場合の数 ─────────────────────────────┐
│                                              │
│  ある事柄について，起こり得るすべての場合の総数を場合の数という．  │
│                                              │
└──────────────────────────────────────┘
```

もれなく，しかも重複しないように数えなければならない．

場合の数については，次の2つの法則がある．

┌── **和の法則** ─────────────────────────────┐

　2 つの事柄 A, B について，A の起こる場合が m 通り，B の起こる場合
が n 通りあり，それらが同時には起こらないとき，A または B のどちら
かが起こる場合の数は　$\boldsymbol{m + n}$ **通り**　である.

└──┘

┌── **積の法則** ─────────────────────────────┐

　2 つの事柄 A, B について，A の起こる場合が m 通りあり，そのそれぞ
れについて B の起こる場合が n 通りずつあるとき，A, B がともに起こる
場合の数は　$\boldsymbol{m \times n}$ **通り**　である.

└──┘

練習 **1.5**　　大小 2 つのサイコロを投げるとき，目の和が 5 の倍数になる場
合は何通りあるか.

[7 通り]

練習 **1.6**　　400 の正の約数は何個あるか.

[15 個]

1.2.1　順列

　いくつかのものを，順序をつけて 1 列に並べたものを，**順列** (permutation)
という．異なる n 個のものから r 個取り出して並べた順列を，n 個のものから
r 個取る順列といい，その総数を ${}_n\mathrm{P}_r$ で表す.

┌── **順列の総数** ───────────────────────────┐

　異なる n 個のものから r 個取る順列の総数は

$$
{}_n\mathrm{P}_r = \underbrace{\boldsymbol{n(n-1)(n-2)\cdots(n-r+1)}}_{r\text{ 個}}
$$

└──┘

　${}_n\mathrm{P}_r$ において，特に $r = n$ のときは

$$
{}_n\mathrm{P}_n = n(n-1)(n-2)\cdots 3 \cdot 2 \cdot 1
$$

となる．これは，異なる n 個のものをすべて並べる順列の総数で，1 から n までのすべての整数の積である．これを n の階乗といい，$n!$ で表す．

```
── n の階乗 ──
```
$$n! = {}_n\mathrm{P}_n = n(n-1)(n-2)\cdots 3\cdot 2\cdot 1$$

${}_n\mathrm{P}_r$ を階乗の記号で表すと

$$_n\mathrm{P}_r = \frac{n!}{(n-r)!}$$

この等式が $r = n$ でも $r = 0$ でも成り立つように，$0! = 1$，${}_n\mathrm{P}_0 = 1$ と定める．

練習 **1.7** 12 人の陸上部員の中からリレーに出場する 4 人の選手を選ぶ．第 1 走者，第 2 走者，第 3 走者，第 4 走者を決める方法は，何通りあるか．

$$\left[{}_{12}\mathrm{P}_4 = 11880\,\text{通り}\right]$$

円順列

いくつかのものを円形に並べたものを，**円順列**という．

```
── 円順列の総数 ──
```
異なる n 個のものの円順列の総数は $\dfrac{{}_n\mathrm{P}_n}{n} = (n-1)!$

練習 **1.8** 男子 8 人と女子 2 人が輪の形に並ぶとき，女子 2 人が真正面に向かい合って座る場合の数を求めよ．

$$\left[8! = 40320\,\text{通り}\right]$$

重複順列

異なる n 個のものから，重複を許して r 個を取り出して並べる順列を，n 個のものから r 個取る**重複順列**という．

重複順列の総数

n 個のものから r 個取る重複順列の総数は n^r

練習 **1.9** 0 から 8 の整数を用いて, 5 桁の整数は何通り作れるか.

$$\left[8 \times 9^4 = 52488 \text{ 通り} \right]$$

1.2.2 組合せ

ある集合からいくつかのものを取り出すとする. 選び方だけに注目して, 並べる順序を考えに入れないで取り出した 1 組を **組合せ** (combination) という. 異なる n 個のものの中から r 個を取り出してつくった組合せを, n 個から r 個取る組合せといい, その総数を $_n\mathrm{C}_r$ で表す.

組合せの総数

$$_n\mathrm{C}_r = \frac{_n\mathrm{P}_r}{r!} = \frac{\overbrace{n(n-1)(n-2)\cdots(n-r+1)}^{r \text{ 個}}}{r(r-1)\cdots 3 \cdot 2 \cdot 1}$$

$$_n\mathrm{C}_r = \frac{n!}{r!\,(n-r)!}$$

一般に, 次の等式が成り立つ.

$$_n\mathrm{C}_n = {}_n\mathrm{C}_0 = 1$$

$$_n\mathrm{C}_1 = n$$

$$_n\mathrm{C}_r = {}_n\mathrm{C}_{n-r}$$

$$_n\mathrm{C}_r = {}_{n-1}\mathrm{C}_{r-1} + {}_{n-1}\mathrm{C}_r$$

$$r \cdot {}_n\mathrm{C}_r = n \cdot {}_{n-1}\mathrm{C}_{r-1}$$

練習 **1.10** 30 人の生徒の中から 3 人の委員を選ぶ方法は何通りあるか.

$$\left[{}_{30}\mathrm{C}_3 = 4060 \text{ 通り} \right]$$

▎**二項定理**▎

$(a+b)^n = (a+b)(a+b)\cdots(a+b)$ の展開式において，たとえば $a^{n-1}b$ の項は，n 個の因数 $(a+b)$ から a を $n-1$ 個，b を 1 個取り出し，積をつくることで得られる．この取り出し方は，n 個の因数のうち，どの因数から b を取り出すかによって決まるから ${}_n\mathrm{C}_1$ 通り ある．

したがって，一般に，次の**二項定理**が成り立つ．

二項定理

$$(a+b)^n = {}_n\mathrm{C}_0\, a^n + {}_n\mathrm{C}_1\, a^{n-1}b + \cdots + {}_n\mathrm{C}_r\, a^{n-r}b^r$$
$$+ \cdots + {}_n\mathrm{C}_{n-1}\, ab^{n-1} + {}_n\mathrm{C}_n\, b^n$$
$$= \sum_{r=0}^{n} {}_n\mathrm{C}_r\, a^{n-r}b^r$$

練習 **1.11** 次の等式を証明せよ．

(1) ${}_n\mathrm{C}_0 + {}_n\mathrm{C}_1 + {}_n\mathrm{C}_2 + \cdots + {}_n\mathrm{C}_n = 2^n$

(2) ${}_n\mathrm{C}_0 - {}_n\mathrm{C}_1 + {}_n\mathrm{C}_2 + \cdots + (-1)^n\, {}_n\mathrm{C}_n = 0$

(3) ${}_n\mathrm{C}_0 + 2\,{}_n\mathrm{C}_1 + 2^2\,{}_n\mathrm{C}_2 + \cdots + 2^n\,{}_n\mathrm{C}_n = 3^n$

[略]

◇◆問題 1 ◆◇

1.1 集合 $\{2n \mid n \in \{1, 2, 3\}\}$ の部分集合を全て求めよ.

1.2 $U = \{1, 2, 3, 4, 5, 6, 7, 8\}$, $A = \{1, 2, 3, 4\}$, $B = \{3, 4, 7, 8\}$ のとき, $\overline{A}$, $\overline{B}$, $\overline{A} \cup B$, $A \cup \overline{B}$, $\overline{A \cup B}$ を求めよ.

1.3 100 以下の自然数のうち, 2 の倍数にも 5 の倍数にもならない数の個数を求めよ.

1.4 大小 2 つのさいころを投げるとき, 目の積が 5 の倍数になる場合の数を求めよ.

1.5 12 人の陸上部員の中から, リレーに出場する 4 人の選手を選ぶ. 第 1 走者と第 4 走者は足が速い 5 人の選手から選ぶとき, 第 1 走者, 第 2 走者, 第 3 走者, 第 4 走者を決める方法は, 何通りあるか.

1.6 男子 6 人と女子 2 人が輪の形に並ぶとき, 女子 2 人が隣り合って座る場合の数と隣り合わないで座る場合の数を求めよ.

1.7 8 人の学生を, 各グループ少なくとも 1 人は振り分けるとき, 3 つのグループ A, B, C への分け方は何通りあるか.

1.8 30 人の生徒 (男生徒 15 人, 女生徒 15 人) の中から男生徒 3 人, 女生徒 2 人で構成される委員を選ぶ方法は何通りあるか.

確率

2.1 確率と基本性質

2.1.1 事象と確率

　何回も繰り返しおこなうことができ，その結果が偶然によって決まるような実験や観察を**試行**という．また，試行の結果，起こる事柄を**事象**という．

　ある試行において，起こりうるすべての結果の集合を U とすると，事象は全体集合 U の部分集合となる．全体集合 U で表される事象を**全事象**，空集合 ϕ であらわされる事象を**空事象**という．全事象は必ず起こる事象，空事象は決して起こらない事象ということになる．

　また，1つの要素からなる部分集合で表される事象を**根元事象**という．

　たとえば，1枚の硬貨を投げる試行では，

　　　　　全事象 U は　　$U = \{\,表,\,裏\,\}$

　　　　　根元事象は　　$\{\,表\,\},\,\{\,裏\,\}$

1つの試行において，全ての根元事象が同様に確からしいとするとき，

　　　　　全事象 U の根元事象の個数を　　$n(U)$

　　　　　事象 A の根元事象の個数を　　$n(A)$

として，事象 A の起こることが期待される割合を，事象 A の起こる**確率** (probability) といい，これを $\boldsymbol{P(A)}$ で表す．これは次のように定義され**数学的確率**とも呼ばれる．

$P(A)$ の定義

$$P(A) = \frac{n(A)}{n(U)} = \frac{事象\ A\ の場合の数}{全事象\ U\ の場合の数}$$

　たとえば，正しいサイコロを1回振って，「5以上の目が出る」事象を A と

すると,

全事象 $U = \{1,\ 2,\ 3,\ 4,\ 5,\ 6\}$

事象 $A = \{5,\ 6\}$

であるから, 事象 A の起こる確率 $P(A)$ は,

$$P(A) = \frac{n(A)}{n(U)} = \frac{2}{6} = \frac{1}{3}$$

ただし, 確率は 3 回に 1 回 5 以上の目が出ることを保証しているわけではないことに注意する必要がある.

練習 2.1 2 枚の硬貨を同時に投げるとき, 表と裏が 1 枚ずつ出る確率を求めよ.

$$\left[\frac{1}{2}\right]$$

2.1.2 確率の基本性質

事象はすべて集合によって表すことができ, 集合 A と事象 A を区別せずに扱うことができるが, 呼び方が異なるので注意を要する.

▌和事象・積事象▐

2 つの事象 A, B に対して, A または B が起こる事象を, A と B の和事象といい, $\boldsymbol{A \cup B}$ で表す.

また, A と B がともに起こる事象を, A と B の積事象といい, $\boldsymbol{A \cap B}$ で表す.

練習 2.2 1 つのサイコロを投げる試行で,「奇数の目が出る」という事象を A,「4 以下の目が出る」という事象を B とする. このとき, 積事象 $A \cap B$, 和事象 $A \cup B$ の起こる確率を求めよ.

$$\left[P(A \cap B) = \frac{1}{3},\ P(A \cup B) = \frac{5}{6}\right]$$

確率の基本性質

ある試行において，全事象 U に対し，事象 A は部分集合であるから，場合の数に対して，次の式が成り立つ．

$$0 \leqq n(A) \leqq n(U)$$

したがって，事象 A の起こる確率について，

$$0 \leqq P(A) = \frac{n(A)}{n(U)} \leqq 1$$

特に，全事象 U と空事象 ϕ の確率は，

$$P(U) = 1$$

$$P(\phi) = 0$$

2つの事象 A と B が同時には起こらないとき，すなわち $A \cap B = \phi$ であるとき，A と B は互いに**排反**である，または，**排反事象**であるという．

確率の加法定理

(i)　$A \cap B = \phi$ (A と B が排反)のとき　$P(A \cup B) = P(A) + P(B)$

(ii)　$A \cap B \neq \phi$ (A と B が排反でない)のとき

$$P(A \cup B) = P(A) + P(B) - P(A \cap B)$$

事象 A に対して，「A が起こらない」という事象を，A の**余事象**といい，$\overline{A}$ で表す．確率 $P(\overline{A})$ について，次の式が成り立つ．

余事象の確率

$$P(\overline{A}) = 1 - P(A)$$

確率計算には，集合のときと同じように，ド・モルガンの法則が利用できる．

ド・モルガンの法則

$$P(\overline{A \cup B}) = P(\overline{A} \cap \overline{B}), \qquad P(\overline{A \cap B}) = P(\overline{A} \cup \overline{B})$$

練習 2.3 同じ大きさの赤玉 4 個，青玉 6 個が入っている袋から，2 個の玉を同時に取り出すとき，2 個の玉が同じ色である確率を求めよ．

$$\left[\frac{7}{15}\right]$$

練習 2.4 1 から 10 までの整数から，1 つを無作為に選び出したとき，それが 2 でも 3 でも割り切れない数である確率を求めよ．

$$\left[\frac{3}{10}\right]$$

練習 2.5 2 個のサイコロを同時に投げるとき，異なる目が出る確率を求めよ．

$$\left[\frac{5}{6}\right]$$

2.2 独立な試行と確率

2.2.1 独立な試行の確率

2 つの試行 T_1, T_2 が互いに他方の結果に影響を与えないとき，試行 T_1, T_2 は **独立**であるという．

試行について，一般に，次のことが成り立つ．

> **── 独立な試行の確率 ────────────**
>
> 2 つの独立な試行 T_1, T_2 において，T_1 で事象 A が起こり，T_2 で事象 B が起こるという事象を C とすると，事象 C の起こる確率は
>
> $$P(C) = P(A)P(B)$$

練習 2.6 1 個のサイコロを 2 回続けて投げるとき，2 回とも偶数の目または 2 回とも奇数の目が出る確率を求めよ．

$$\left[\frac{1}{2}\right]$$

2.2.2 反復試行の確率

硬貨を繰り返し投げる場合のように，同じ条件のもとで同じ試行を繰り返しおこなうとき，各回の試行は互いに独立である．このような試行を**反復試行**という．

一般に，反復試行について，次のことが成り立つ．

反復試行の確率

1回の試行で事象 A が起こる確率を p とする．この試行を n 回繰り返す反復試行において，事象 A がちょうど r 回起こる確率は

$$_n\mathrm{C}_r\, p^r q^{n-r} \quad \text{ただし} \quad q = 1 - p$$

練習 **2.7** サイコロを5回振って，そのうち3回だけ5以上の目が出る確率を求めよ．

$$\left[\frac{40}{243}\right]$$

2.2.3 統計的確率

数学的確率があらかじめ計算できない事象 A の場合，過去の経験や実験から得られる確率を用いて表すことがある．このような確率も，数学的確率と同じように扱うことができる．

試行の回数 n を大きくしていったとき，事象 A の起こる回数を x とおくと，事象 A の確率 p に対し，次の極限の式が成り立つ．

$$\lim_{n \to \infty} \frac{x}{n} = p$$

この公式は，**大数の法則**と呼ばれるもので，このように定義される確率を，**統計的確率**または**経験的確率**と呼ぶ．

2.3 独立でない試行と確率

2.3.1 条件付き確率

事象 A が起こったことがわかっているときに，事象 B が起こる確率を考えることがある．このとき，事象 A が起こったという条件 $(P(A) > 0)$ の下で，事象 B が起こる確率を**条件付確率**といい，

$$P(B|A) = \frac{P(A \cap B)}{P(A)}$$

と定める．同様に，事象 B が起こったという条件 $(P(B) > 0)$ の下で，事象 A が起こる確率を，

$$P(A|B) = \frac{P(A \cap B)}{P(B)}$$

と定める．これらの式を変形すると，次の定理が成り立つ．

確率の乗法定理

$$P(A \cap B) = P(A) \cdot P(B|A), \quad P(A \cap B) = P(B) \cdot P(A|B)$$

2つの式は，どちらも事象 A, B が共に起こる確率を表しており，前提条件がどちらの事象かという点のみが異なっている．

2.3.2 全確率の公式

任意の事象 A, B に対して，確率の加法定理から，事象 A の確率は

$$P(A) = P(A \cap B) + P(A \cap \overline{B})$$

さらに，確率の乗法定理から

$$P(A \cap B) = P(B) \cdot P(A|B)$$

$$P(A \cap \overline{B}) = P(\overline{B}) \cdot P(A|\overline{B})$$

これらの式から

$$P(A) = P(B) \cdot P(A|B) + P(\overline{B}) \cdot P(A|\overline{B})$$

次に，この式を一般に拡張する．そのため，任意の事象 A_i と A_j $(i \neq j,\ i, j = 1, \cdots, n)$ が $A_i \cap A_j = \phi$ のときに，**確率の加法定理**を拡張する．

確率の加法定理 (一般の場合)

$A_i \cap A_j = \phi$ $(A_i と A_j\ (i \neq j,\ i, j = 1, \cdots, n)$ が排反のとき$)$

$$P(A_1 \cup A_2 \cup \cdots \cup A_n) = P(A_1) + P(A_2) + \cdots + P(A_n)$$

$$= \sum_{i=1}^{n} P(A_i)$$

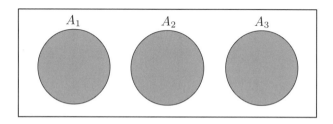

図 **2.1** 確率の加法定理 (図解: $n = 3$)

任意の事象 $A, B_1, \cdots, B_n$ に対して，$B_i \cap B_j = \phi\ (i \neq j)$ かつ

$$U = B_1 \cup B_2 \cup \cdots \cup B_n$$

を仮定する．$(A \cap B_i) \cap (A \cap B_j) = \phi\ (i \neq j,\ i, j = 1, \cdots, n)$ であるため，確率の加法定理から

$$P(A) = \sum_{i=1}^{n} P(A \cap B_i)$$

さらに，確率の乗法定理から

$$P(A \cap B_i) = P(B_i) \cdot P(A|B_i)$$

これらの式から，次の**全確率の公式**が得られる．

全確率の公式

$$P(A) = P(B_1) \cdot P(A|B_1) + P(B_2) \cdot P(A|B_2) + \cdots$$
$$+ P(B_n) \cdot P(A|B_n)$$
$$= \sum_{i=1}^{n} P(B_i) \cdot P(A|B_i)$$

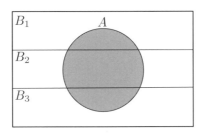

図 **2.2** 全確率の公式 (図解: $n = 3$)

2.3.3 ベイズの定理

任意の事象 A, B に対して，事象 A の確率は

$$P(A) = P(A \cap B) + P(A \cap \overline{B})$$

条件付確率の定義から

$$P(B|A) = \frac{P(A \cap B)}{P(A)} = \frac{P(A \cap B)}{P(A \cap B) + P(A \cap \overline{B})}$$

さらに，確率の乗法定理を代入すると，次の**ベイズの定理**が成り立つ.

ベイズの定理

$$P(B|A) = \frac{P(B) \cdot P(A|B)}{P(B) \cdot P(A|B) + P(\overline{B}) \cdot P(A|\overline{B})}$$

ベイズの定理で表される確率を，**事後確率**と呼ぶことがある. 次に，この式も一般の場合に拡張する. 任意の事象 $A, B_1, \cdots, B_n$ に対して，$B_i \cap B_j = \phi \; (i \neq j)$

かつ

$$U = B_1 \cup B_2 \cup \cdots \cup B_n$$

を仮定する．条件付確率の定義式と確率の乗法定理から

$$P(B_i|A) = \frac{P(A \cap B_i)}{P(A)} = \frac{P(B_i) \cdot P(A|B_i)}{P(A)}$$

分母に全確率の公式を代入すると，次のベイズの定理 (一般の場合) が成り立つ.

ベイズの定理 (一般の場合)

$$P(B_i|A) = \frac{P(B_i) \cdot P(A|B_i)}{\sum_{j=1}^{n} P(B_j) \cdot P(A|B_j)} \qquad (i = 1, \cdots, n)$$

練習 2.8 2つの壺 A, B がある．A には赤玉 3 個と白玉 2 個が，B には赤玉 1 個と白玉 3 個が入っている．まず，A または B の壺を無作為に選択した後，1 つの玉を取り出す試行をおこなったとき，その玉が赤玉であった．このとき，選んだ壺が A であった確率を求めよ.

$$\left[\frac{12}{17}\right]$$

練習 2.9 打者 A がヒットを打つ確率は，前の打者が出塁するかしないかで，それぞれ 1/3, 1/4 である．また，前の打者の出塁率は 1/5 である．打者 A がヒットを打ったとき，前の打者が出塁した確率を求めよ.

$$\left[\frac{1}{4}\right]$$

2.3.4 事象の独立

2つの事象 A, B が独立であるとは，事象 A の確率が事象 B が起こるか起こらないかに関わらず一定値 $P(A)$ であることを意味している．したがって，2つの事象 A, B が独立であるための必要十分条件は，次のように表される.

2つの事象 A, B が独立であるための必要十分条件は

$$P(A \cap B) = P(A) \cdot P(B)$$

または $\quad P(B|A) = P(B)$

または $\quad P(A|B) = P(A)$

2.4 期待値

ある試行によって, 排反事象 $A_1, A_2, A_3, \cdots, A_n$ のどれか1つが必ず起こるものとし, その確率を $P(A_1) = p_1, P(A_2) = p_2, P(A_3) = p_3, \cdots, P(A_n) = p_n$ とすると, 次の等式が成り立つ.

$$p_1 + p_2 + p_3 + \cdots + p_n = 1$$

また, $A_1, A_2, A_3, \cdots, A_n$ が起こるとき, ある変量 X がそれぞれ $x_1, x_2, x_3, \cdots, x_n$ という値をとるとする. このとき,

$$x_1 p_1 + x_2 p_2 + x_3 p_3 + \cdots + x_n p_n$$

を, 変量 X の**期待値** (expectation) といい, E で表す.

期待値

変量 X の取りうる値を $x_1, x_2, x_3, \cdots, x_n$ とし, X がこれらの値をとる確率を, それぞれ $p_1, p_2, p_3, \cdots, p_n$ とすると, X の期待値 E は

$$E = x_1 p_1 + x_2 p_2 + x_3 p_3 + \cdots + x_n p_n$$

ただし $\quad p_1 + p_2 + p_3 + \cdots + p_n = 1$

練習 2.10 2個のサイコロを同時に投げるとき, 出る目の数の和の期待値を求めよ.

[7]

練習 2.11 1個のサイコロを振って, 1 の目が出れば 100 点, 偶数の目が出れば 20 点, その他が出れば 0 点の得点が得られるゲームをおこなう. このとき, 1 回のゲームの得点の期待値を求めよ.

$$\left[\frac{80}{3}\right]$$

◇◆問題 2 ◆◇

2.1　A, B が互いに独立であるとき，$\overline{A}, \overline{B}$ も互いに独立であることを示せ．

2.2　赤玉 4 個，青玉 5 個入っている袋から，A 君が 1 個玉を取り出し，玉の色を確かめたあと，元に戻してよく混ぜてから，B 君が取り出す．A 君が赤玉を取り出す事象を E_1，B 君が赤玉を取り出す事象を E_2 とするとき，$P(E_1)$ と $P(E_2)$ を求めよ．また，E_1 と E_2 は独立となるか．

2.3　ある製品を機械 A で 60%，機械 B で 40% を製造している．機械 A の製品では 7%，B の機械では 9% の割合で不良品が発生する．取り出した製品が不良品である事象を E_1 と置き，ある製品が機械 A で製造された事象を E_2 と置く．このとき，つぎの問いに答えよ．

(1)　全製品からでたらめに 1 個取り出したとき，それが不良品である確率を求めよ．

(2)　取り出した製品が不良品のとき，それが機械 A で製造された事後確率を求めよ．

(3)　取り出した製品が不良品のとき，それが機械 B で製造された事後確率を求めよ．

2.4　$1, \cdots, 10$ の数字を 1 つずつ書いた 10 枚のカードを袋に入れ，よくかき混ぜてから 2 枚取り出す．このとき，つぎの問いに答えよ．

(1)　2 枚のカードに書かれた数の差が 4 である確率を求めよ．

(2)　2 枚とも奇数の確率を求めよ．

(3)　2 枚のカードに書かれた数の差が 4 である事象と 2 枚とも奇数である事象は独立であるか．

2.5　2 個のサイコロを同時に投げるとき，出る目の数の積の期待値を求めよ．

2.6　1 個のサイコロを振って 1 か 3 の目が出れば 100 点，2 か 4 の目が出れば 50 点，その他が出れば 20 点が得られるゲームをおこなう．このとき，1 回のゲームにおける得点の期待値を求めよ．

3

確率分布

3.1 離散型確率分布

3.1.1 確率変数と確率関数

全事象 U のすべての根元事象にそれぞれ数値を割り当て，確率の問題を数学的に取り扱えるようにする．このとき，これらの数値をとる変量を**確率変数** (stochastic variable または random variable) という．

確率変数

確率変数とは，全事象 U の 1 つ 1 つの根元事象 $A_1, A_2, A_3, \cdots$ に割り当てられた数値 $x_1, x_2, x_3, \cdots$ のいずれかをとる変数．

$X = x_i \ (i = 1, 2, 3, \cdots)$ としたとき，数値 $x_i \ (i = 1, 2, 3, \cdots)$ を，確率変数 X の**実現値**という．

X のとる値の全体が，有限集合 $\{x_1, x_2, \cdots, x_n\}$ か自然数のように数え上げられる無限集合 $\{x_1, x_2, \cdots, x_i, \cdots\}$ のとき，X を**離散型** (discrete type) の確率変数といい，太陽の位置のように，X のとる値の全体が，実数区間の全体にわたるような無限集合のとき，X を**連続型** (continuous type) の確率変数という．

確率変数 X が離散型のとき，実現値 x_i の確率 P_i を

$$P_i = P(X = x_i) \quad (i = 1, 2, \cdots)$$

などと表し，確率変数 X の**確率関数** (probability function) と呼ぶ．

また，確率変数 X のすべての実現値 x_i に対する確率 P_i が定まっているとき，

X の**確率分布** (probability distribution) が与えられている

という．ここで，確率関数 P_i は確率であるため次の性質をもつ．

$$\sum_{i=1}^{n} P_i = 1 \quad ただし \quad 0 \leqq P_i \leqq 1$$

$$P(a \leqq X \leqq b) = \sum_{a \leqq x_i \leqq b} P_i$$

練習 **3.1** サイコロを振って，出た目の数を確率変数 X としたときの確率
関数 P_i を求めよ.

$$\left[P_i = \frac{1}{6}, \ i = 1, 2, \cdots, 6 \right]$$

3.1.2 分布関数

(累積) 分布関数 (cumulative distrubution function) は，確率変数 X がある値 x 以下となる確率を求めるための関数で，$x_i \leqq x$ となる確率 P_i の総和で与えられる.

── 分布関数 ──────────────────────────

分布関数 $F(x) = P(X \leqq x) = \sum_{x_i \leqq x} P_i$

ただし 変数 x は連続型である.

したがって，分布関数 $F(x)$ は次の性質をもつ.

── 分布関数の性質 ────────────────────────

(1) $a \leqq b$ のとき， $F(a) \leqq F(b)$ （単調増加）

(2) $F(-\infty) = 0$, $F(\infty) = 1$

(3) $P(a < X \leqq b) = F(b) - F(a)$

3.1.3 期待値と分散

確率分布が決まると，その分布を特徴づける重要な数値として，**期待値 (平均)** (expectation) と**分散** (variance) または**標準偏差** (standard deviation) を考えることができる．期待値は，その分布の平均 (mean) を表し，分散および標準偏差は，その分布の広がり，または散らばり具合を表現する値となっている．これらの値は，次のように定義される．

┌─ **期待値・分散・標準偏差の定義** ─────────────

離散型確率変数 X が確率関数 P_i の確率分布に従うとき，

$$\text{期待値} \quad \mu = E(X) = \sum_i x_i P_i = \sum_i x_i P(X = x_i)$$

$$\text{分散} \quad \sigma^2 = V(X) = E((X - \mu)^2) = \sum_i (x_i - \mu)^2 P_i$$

$$\text{標準偏差} \quad \sigma = \sqrt{V(X)}$$

───────────────────────────────

ここで，$\displaystyle\sum_i$ は X のとる値が有限個のとき $\displaystyle\sum_{i=1}^{n}$ を，無限個のとき $\displaystyle\sum_{i=1}^{\infty}$ を意味する．

期待値は，その定義から，次の性質をもつ．

┌─ **期待値 E の性質** ─────────────

$$E(aX + b) = aE(X) + b \quad (a, b : \text{定数})$$

───────────────────────────────

[証明] $\displaystyle E(aX + b) = \sum_i (ax_i + b)P_i$

$$= a\sum_i x_i P_i + b\sum_i P_i$$

$$= aE(X) + b$$

これから，分散について重要な式が成り立つ．

分散の計算

$$V(X) = E((X - \mu)^2) = E(X^2) - E(X)^2$$

証明 $V(X) = E((X - \mu)^2) = E(X^2 - 2\mu X + \mu^2)$

$$= E(X^2) - 2\mu E(X) + \mu^2$$

$$= E(X^2) - 2\mu^2 + \mu^2$$

$$= E(X^2) - \mu^2$$

$$= E(X^2) - E(X)^2$$

分散 V の性質

$$V(aX + b) = a^2 V(X) \quad (a, b : 定数)$$

$$V(aX + b) = E((aX + b - (a\mu + b))^2)$$

$$= E(a^2(X - \mu)^2)$$

$$= a^2 E((X - \mu)^2)$$

$$= a^2 V(X)$$

3.2 主要な離散型確率分布

3.2.1 二項分布

反復試行の確率で示したように，1 回の試行で事象 A が起こる確率が p のとき，この試行を n 回繰り返し，事象 A がちょうど x 回起こる確率を P_x とおくと，

$$P_x = {}_n\mathrm{C}_x\, p^x q^{n-x} \quad (x = 0, 1, 2, \cdots, n) \quad ただし \quad q = 1 - p$$

となる．

ここで，確率変数 $X = x$ とおくと，確率 P_x は確率関数となり，確率分布が定まる．この確率分布は，**二項分布** (binomial distribution) と呼ばれ，$Bin(n, p)$ で表される．

二項分布

離散型確率変数 $X = 0, 1, 2, \cdots, n$ について，確率関数 P_x が

$$P_x = {}_n\mathrm{C}_x\, p^x q^{n-x} \quad (x = 0, 1, 2, \cdots, n)$$

ただし，$0 < p < 1,\ p + q = 1$ で表される確率分布.

ここで，二項分布は，よく知られている正規分布などの，さまざまな確率分布の基礎となる重要な分布である.

ここで，確率関数の必須条件 $\displaystyle\sum_{x=0}^{n} P_x = 1$ を確認しておく.

$$\begin{aligned}
\sum_{x=0}^{n} P_x &= \sum_{x=0}^{n} {}_n\mathrm{C}_x\, p^x q^{n-x} \\
&= (p + q)^n \\
&= 1
\end{aligned}$$

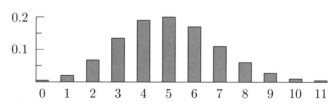

図 3.1 二項分布 $Bin(20, 1/4)$ の分布図

▌二項分布の平均と分散 ▌

二項分布 $Bin(n, P)$ について，平均と分散を求める.

● 平均の計算

$$\begin{aligned}
E(X) &= \sum_{x=0}^{n} x\, {}_n\mathrm{C}_x\, p^x q^{n-x} \\
&= \sum_{x=0}^{n} x \frac{n!}{x!\,(n-x)!} p^x q^{n-x}
\end{aligned}$$

$$= \sum_{x=0}^{n} x \frac{n(n-1)!}{x(x-1)!\,(n-x)!} pp^{x-1}q^{n-x}$$

$$= np \sum_{x=1}^{n} \frac{(n-1)!}{(x-1)!\,(n-x)!} p^{x-1}q^{n-x}$$

ここで $y = x - 1$ とおくと,

$$= np \sum_{y=0}^{n-1} \frac{(n-1)!}{y!\,(n-1-y)!} p^{y}q^{n-1-y}$$

$$= np(p+q)^{n-1}$$

$$= np$$

● 分散の計算

$$V(X) = E(X^2) - E(X)^2$$

$$= E(X^2) - (np)^2$$

$$E(X^2) = \sum_{x=0}^{n} x^2\,{}_n\mathrm{C}_x\,p^x q^{n-x}$$

$$= \sum_{x=0}^{n} (x(x-1)+x)\,{}_n\mathrm{C}_x\,p^x q^{n-x}$$

$$= \sum_{x=0}^{n} x(x-1)\,{}_n\mathrm{C}_x\,p^x q^{n-x} + \sum_{x=0}^{n} x\,{}_n\mathrm{C}_x\,p^x q^{n-x}$$

$$= \sum_{x=0}^{n} x(x-1) \frac{n!}{x!\,(n-x)!} p^x q^{n-x} + np$$

$$= \sum_{x=2}^{n} x(x-1) \frac{n(n-1)(n-2)!}{x(x-1)(x-2)!\,(n-x)!} p^2 p^{x-2}q^{n-x} + np$$

$$= n(n-1)p^2 \sum_{x=2}^{n} \frac{(n-2)!}{(x-2)!\,(n-x)!} p^{x-2}q^{n-x} + np$$

ここで $y = x - 2$ とおくと,

$$= n(n-1)p^2 \sum_{y=0}^{n-2} \frac{(n-2)!}{y!\,(n-2-y)!} p^y q^{n-2-y} + np$$

$$= n(n-1)p^2(p+q)^{n-2} + np$$

$$= n(n-1)p^2 + np$$

$$V(X) = n(n-1)p^2 + np - (np)^2$$

$$= n^2 p^2 - np^2 + np - (np)^2$$

$$= np(1-p)$$

$$= npq$$

┌─ 二項分布の平均・分散 ─────────────

二項分布 $\boldsymbol{Bin(n,p)}$ の平均 $\boldsymbol{\mu = np}$, 分散 $\boldsymbol{\sigma^2 = npq}$

└─────────────────────────────

練習 **3.2** サイコロを1回振って, 出る目の数を確率変数 X とおく.

(1) 確率関数と分布関数のグラフをかけ.

(2) 変数 X の平均 μ と分散 σ^2 を求めよ.

$$\left[(1)\ 省略 \quad (2)\ \mu = \frac{7}{2}, \quad \sigma^2 = \frac{35}{12} \right]$$

練習 **3.3** 確率変数 X の平均 $\mu = E(X) = 3$, 分散 $\sigma^2 = V(X) = 2$ のとき, $Z = \dfrac{X - \mu}{\sigma}$ で新たに定義された確率変数 Z の平均と分散を求めよ.

$$\left[平均\,0, 分散\,1 \right]$$

3.2.2 幾何分布

二項分布 $Bin(n,p)$ が, n 回中 x 回成功する確率を与えるのに対し, x 回目で始めて成功する確率を与えるのが, **幾何分布** (geometric disribution) と呼

ばれ，$G_e(p)$ で表される．初めて成功するまでの待ち時間の確率分布であるため，離散的待ち時間分布とも呼ばれる．

幾何分布の確率関数

$$P_x = (1-p)^{x-1}p \quad (x = 1, 2, 3, \cdots)$$

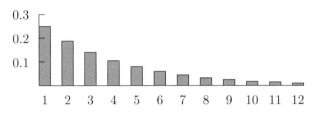

図 **3.2** 幾何分布 $G_e(1/4)$ の分布図

幾何分布の平均と分散

ここで，幾何分布 $G_e(p)$ の平均と分散を求める．

● 平均の計算

$$E(X) = \sum_{x=1}^{\infty} x(1-p)^{x-1}p$$

$$= p\{1 + 2(1-p) + 3(1-p)^2 + \cdots\}$$

$$(1-p)E(X) = p\{(1-p) + 2(1-p)^2 + \cdots\}$$

差を取って，

$$\{1 - (1-p)\}E(X) = p\{1 + (1-p) + (1-p)^2 + \cdots\}$$

$$pE(X) = \frac{p}{1-(1-p)} \quad (\text{無限等比級数の公式から})$$

$$E(X) = \frac{1}{p}$$

● 分散の計算

$$V(X) = E(X^2) - E(X)^2$$

$$E(X^2) = \sum_{x=1}^{\infty} x^2 (1-p)^{x-1} p$$

$$= p\left\{1 + 2^2(1-p) + 3^2(1-p)^2 + \cdots\right\}$$

$$(1-p)E(X^2) = p\left\{(1-p) + 2^2(1-p)^2 + 3^2(1-p)^3 + \cdots\right\}$$

差を取って,

$$E(X^2) - (1-p)E(X^2) = p\left\{1 + 3(1-p) + 5(1-p)^2 + \cdots\right\}$$

$$E(X^2) = 1 + 3(1-p) + 5(1-p)^2 + \cdots$$

$$(1-p)E(X^2) = (1-p) + 3(1-p)^2 + 5(1-p)^3 + \cdots$$

差を取って,

$$pE(X^2) = 1 + 2(1-p) + 2(1-p)^2 + 2(1-p)^3 + \cdots$$

$$pE(X^2) + 1 = \frac{2}{1-(1-p)} = \frac{2}{p}$$

$$E(X^2) = \frac{2-p}{p^2}$$

$$V(X) = \frac{2-p}{p^2} - \frac{1}{p^2}$$

$$= \frac{1-p}{p^2}$$

幾何分布の平均・分散

幾何分布 $G_e(p)$ の平均 $\mu = \dfrac{1}{p}$, 分散 $\sigma^2 = \dfrac{1-p}{p^2}$

練習 3.4 ある地域の台風による年間罹災率は 0.04 である. この地域が 5 年以内に罹災する確率を求めよ.

[0.185]

3.2.3 超幾何分布

母集団が N 個の要素を持ち，A 属性を持つ要素がそのうち M 個あるとする．この母集団から n 個の要素を取り出したとき (非復元抽出)，その属性を持つ要素が x 個含まれている確率を与えるのが**超幾何分布** (hypergeometric distribution) である．監査でおこなうサンプリングや開票は，有限の母集団の要素から一部を取り出して，それを母集団に戻さないという非復元サンプリングであり，全て超幾何分布に従う．ただし，N が十分大きいとすると，超幾何分布 $H(N, M, n)$ は二項分布 $Bin(n, p)$ で近似できるという性質がある．

超幾何分布の確率関数

$$P_x = \frac{{}_M\mathrm{C}_x \ {}_{N-M}\mathrm{C}_{n-x}}{{}_N\mathrm{C}_n} \quad (x = 0, 1, 2, \cdots, n)$$

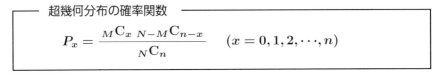

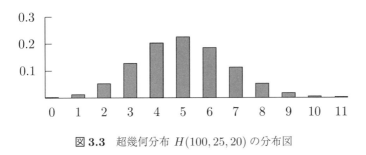

図 3.3 超幾何分布 $H(100, 25, 20)$ の分布図

▌**超幾何分布の平均と分散** ▌

ここで，超幾何分布 $H(N, M, n)$ の平均と分散を求める．

⬤ 平均の計算

$$E(X) = \sum_{x=0}^{n} x \frac{{}_M\mathrm{C}_x \ {}_{N-M}\mathrm{C}_{n-x}}{{}_N\mathrm{C}_n}$$

$$= \frac{1}{{}_N\mathrm{C}_n} \sum_{x=1}^{n} x \ {}_M\mathrm{C}_x \ {}_{N-M}\mathrm{C}_{n-x}$$

$$= \frac{M}{{}_N\mathrm{C}_n} \sum_{x=1}^{n} {}_{M-1}\mathrm{C}_{x-1} \ {}_{N-M}\mathrm{C}_{n-x}$$

$$= \frac{M}{{}_N\mathrm{C}_n} \sum_{x=0}^{n-1} {}_{M-1}\mathrm{C}_x \ {}_{N-M}\mathrm{C}_{n-x-1}$$

$$= \frac{nM}{N} \frac{1}{{}_{N-1}\mathrm{C}_{n-1}} \sum_{x=0}^{n-1} {}_{M-1}\mathrm{C}_x \ {}_{N-M}\mathrm{C}_{n-x-1}$$

ここで二項係数の性質から，${}_N\mathrm{C}_n = \sum_{x=0}^{n} {}_M\mathrm{C}_x \ {}_{N-M}\mathrm{C}_{n-x}$ より，

$${}_{N-1}\mathrm{C}_{n-1} = \sum_{x=0}^{n-1} {}_{M-1}\mathrm{C}_x \ {}_{N-M}\mathrm{C}_{n-x-1}$$

となるから，これを上式に代入して，

$$E(X) = \frac{nM}{N}$$

● 分散の計算

$$V(X) = E(X(X-1)) + E(X) - E(X)^2$$

$$E(X(X-1)) = \frac{1}{{}_N\mathrm{C}_n} \sum_{x=0}^{n} x(x-1) \ {}_M\mathrm{C}_x \ {}_{N-M}\mathrm{C}_{n-x}$$

$$= \frac{1}{{}_N\mathrm{C}_n} \sum_{x=2}^{n} x(x-1) \ {}_M\mathrm{C}_x \ {}_{N-M}\mathrm{C}_{n-x}$$

$$= \frac{M(M-1)}{{}_N\mathrm{C}_n} \sum_{x=2}^{n} \frac{(M-2)!}{(x-2)!\,(M-x)!} \ {}_{N-M}\mathrm{C}_{n-x}$$

$$= \frac{M(M-1)}{{}_N\mathrm{C}_n} \sum_{x=2}^{n} {}_{M-2}\mathrm{C}_{x-2} \ {}_{N-M}\mathrm{C}_{n-x}$$

ここで，${}_N\mathrm{C}_n = \sum_{x=0}^{n} {}_M\mathrm{C}_x \ {}_{N-M}\mathrm{C}_{n-x}$ より，

$${}_{N-2}\mathrm{C}_{n-2} = \sum_{x=0}^{n-2} {}_{M-2}\mathrm{C}_x \ {}_{N-M}\mathrm{C}_{n-x-2},$$

また，$_N\mathrm{C}_n = \dfrac{N(N-1)}{n(n-1)}\,_{N-2}\mathrm{C}_{n-2}$ となるから，これを上式に代入して，

$$E(X(X-1)) = \frac{M(M-1)}{N(N-1)}n(n-1)$$

$$V(X) = n(n-1)\frac{M(M-1)}{N(N-1)} + \frac{nM}{N} - \left(\frac{nM}{N}\right)^2$$

$$= \frac{nM(N-n)(N-M)}{N^2(N-1)}$$

超幾何分布の平均・分散

超幾何分布 $H(N, M, n)$ の平均 $\mu = \dfrac{nM}{N}$，

分散 $\sigma^2 = \dfrac{nM(N-n)(N-M)}{N^2(N-1)}$

練習 **3.5** 2000 個の製品の中に 3% の不良品が入っており，この中から 10 個の製品を取出したとき，不良品の個数が 2 個以下となる確率を求めよ．(超幾何分布 $H(2000, 60, 10)$ を二項分布 $Bin(10, 0.03)$ で近似した場合とも比較してみよ[1]．)

$$[0.9973，二項分布\ 0.9972]$$

練習 **3.6** ピーナッツが 50 粒入った 300 粒入り柿の種の袋から，無作為に 15 粒取り出したとき，ピーナッツが 3 粒含まれている確率を求めよ．

$$[0.2426]$$

3.2.4 ポアソン分布

二項分布 $Bin(n, p)$ において，ある事象の起こる確率が非常に小さい場合に適用できるのが**ポアソン分布** (Poisson distribution) である．つまり，二項分布を，期待値 $m = np$ を一定にして，$n \to \infty, p \to 0$ にすると，ポアソン分布

---

[1] 超幾何分布の確率を求める際は，Microsoft Excel における関数「HYPGEOM.DIST」を用いる．二項分布の確率を求める際は，関数「BINOM.DIST」を用いる．

$P_o(m)$ になる．ポアソン分布の確率関数 P_x は，

$$P_x = P(X = x) = e^{-m} \frac{m^x}{x!} \quad (m : \text{一定})$$

である．これは，二項分布の確率関数を変形して，次のようにして示すことができる．

ポアソン分布の導出

二項分布の確率関数から，

$$P_x = {}_n\mathrm{C}_x \, p^x q^{n-x} = \frac{n!}{x! \, (n-x)!} p^x (1-p)^{n-x}$$

$$= \frac{n(n-1)(n-2)\cdots(n-x+1)}{x!} \left(\frac{m}{n}\right)^x \left(1 - \frac{m}{n}\right)^{n-x}$$

$$= \frac{n^x}{x!} \left\{ 1 \left(1 - \frac{1}{n}\right) \left(1 - \frac{2}{n}\right) \cdots \left(1 - \frac{x-1}{n}\right) \right\}$$

$$\times \left(\frac{m}{n}\right)^x \left(1 - \frac{m}{n}\right)^n \left(1 - \frac{m}{n}\right)^{-x}$$

ここで，右辺の右から二項目は，$m = np$ より，次のように変形できる．

$$\lim_{n \to \infty} \left(1 - \frac{m}{n}\right)^n = \lim_{p \to 0} \left\{ (1-p)^{-\frac{1}{p}} \right\}^{-m}$$

ここで，$p = -\dfrac{1}{y}$ とおくと，

$$\lim_{n \to \infty} \left(1 - \frac{m}{n}\right)^n = \lim_{y \to \infty} \left\{ \left(1 + \frac{1}{y}\right)^y \right\}^{-m}$$

e の定義式から，

---
e の定義

$$e = \lim_{n \to \infty} \left(1 + \frac{1}{n}\right)^n$$

したがって，

$$\lim_{n \to \infty} \left(1 - \frac{m}{n}\right)^n = e^{-m}$$

これをもとの式に代入して,

$$P_x = \frac{m^x}{x!}e^{-m}$$

ポアソン分布の確率関数

$$P_x = e^{-m}\frac{m^x}{x!} \quad (x = 0, 1, 2, \cdots)$$

つぎに, 確率関数の必須条件 $\sum_{x=0}^{\infty} P_x = 1$ を確認しておく.

$$
\begin{aligned}
\sum_{x=0}^{\infty} P_x &= \sum_{x=0}^{\infty} e^{-m}\frac{m^x}{x!} \\
&= e^{-m}\sum_{x=0}^{\infty} \frac{m^x}{x!} \\
&= e^{-m}\left(1 + \frac{m}{1!} + \frac{m^2}{2!} + \frac{m^3}{3!} + \cdots\right)
\end{aligned}
$$

ここで, e^x のマクローリン展開から

---
e^x のマクローリン展開

$$e^x = 1 + \frac{x}{1!} + \frac{x^2}{2!} + \frac{x^3}{3!} + \cdots$$

右辺の括弧の中は

$$1 + \frac{m}{1!} + \frac{m^2}{2!} + \frac{m^3}{3!} + \cdots = e^m$$

となり,

$$\sum_{x=0}^{\infty} P_x = e^{-m}e^m = 1$$

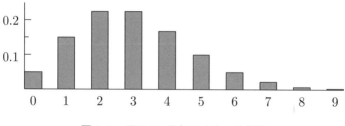

図 **3.4** ポアソン分布 $P_o(3)$ の分布図

ポアソン分布の平均と分散

つぎに，ポアソン分布 $P_o(m)$ の平均と分散を求める．

● 平均の計算

$$E(X) = \sum_{x=0}^{\infty} x e^{-m} \frac{m^x}{x!}$$

$$= e^{-m} \sum_{x=1}^{\infty} x \frac{m^x}{x!}$$

$$= m e^{-m} \sum_{x=1}^{\infty} \frac{m^{x-1}}{(x-1)!}$$

ここで $y = x - 1$ とおくと，

$$E(X) = m e^{-m} \sum_{y=0}^{\infty} \frac{m^y}{y!}$$

$$= m e^{-m} e^m$$

$$= m$$

● 分散の計算

$$V(X) = E(X^2) - E(X)^2$$

$$= E(X^2) - m^2$$

$$E(X^2) = \sum_{x=0}^{\infty} x^2 e^{-m} \frac{m^x}{x!}$$

$$= \sum_{x=1}^{\infty} (x(x-1)+x)e^{-m}\frac{m^x}{x!}$$

$$= \sum_{x=2}^{\infty} x(x-1)e^{-m}\frac{m^x}{x!} + \sum_{x=1}^{\infty} xe^{-m}\frac{m^x}{x!}$$

$$= \sum_{x=2}^{\infty} x(x-1)e^{-m}\frac{m^x}{x!} + m$$

$$= \sum_{x=2}^{\infty} x(x-1)e^{-m}\frac{m^2 m^{x-2}}{x(x-1)(x-2)!} + m$$

$$= m^2 e^{-m} \sum_{x=2}^{\infty} \frac{m^{x-2}}{(x-2)!} + m$$

ここで $y = x-2$ とおくと,

$$= m^2 e^{-m} \sum_{y=0}^{\infty} \frac{m^y}{y!} + m$$

$$= m^2 e^{-m} e^m + m$$

$$= m^2 + m$$

$$V(X) = m^2 + m - m^2$$

$$= m$$

ポアソン分布の平均・分散

ポアソン分布 $P_o(m)$ の平均 $\mu = m$, 分散 $\sigma^2 = m$

練習 **3.7** 成功確率が $p = 0.02$ の試行があるとする. 100 回の独立な試行
をおこなったとき, 成功する試行が 4 回以上になる確率を求めよ. ただし,
$e^{-2} \fallingdotseq 0.13534$ とする.

[0.1428]

練習 **3.8** ある駅の窓口には，10 分間に平均 4 人の来客があるとする．ある 10 分間の来客数が 6 人以上になる確率を求めよ．また，3 人以下である確率を求めよ．ただし，$e^{-4} \fallingdotseq 0.018316$ とする．

$$\left[6 \text{ 人以上 } 0.2149, \ 3 \text{ 人以下 } 0.4335 \right]$$

3.2.5 　離散型 (計数値に関する) 確率分布のまとめ

分布	確率関数	平均	分散
二項分布	$P_x = {}_n C_x \, p^x (1-p)^{n-x}$	np	$np(1-p)$
幾何分布	$P_x = (1-p)^{x-1} p$	$\dfrac{1}{p}$	$\dfrac{1-p}{p^2}$
超幾何分布	$P_x = \dfrac{{}_M C_x \ {}_{N-M} C_{n-x}}{{}_N C_n}$	$\dfrac{nM}{N}$	$\dfrac{nM(N-n)(N-M)}{N^2(N-1)}$
ポアソン分布	$P_x = e^{-m} \dfrac{m^x}{x!}$	m	m

3.3 　連続型確率分布

確率変数 X が連続型のとき，確率関数 P_i で確率は表せない．なぜなら，離散型と違って $X = x$ の点での確率が 0 になってしまうからである．したがって，連続型の確率変数 X が，$a \leqq X \leqq b$ となる確率 $P(a \leqq X \leqq b)$ を次の積分形

$$P(a \leqq X \leqq b) = \int_a^b f(x)dx$$

で表す．この被積分関数 $f(x)$ を，**確率密度** (probability density) あるいは**確率密度関数** (probability density function) と呼ぶ．

―― 連続型確率分布の性質 ―――――――――――――――――――

(1) $P(X = a) = \displaystyle\int_a^a f(x)dx = 0$

(2) $\displaystyle\int_{-\infty}^{\infty} f(x)dx = 1$

(3) $P(a \leqq X \leqq b) = P(a < X \leqq b)$
     $= P(a \leqq X < b) = P(a < X < b)$

離散型と同じように，分布関数 $F(x)$ は，次のように定義され，

―― 分布関数 $F(x)$ の定義 ―――――――――――――――――――

  分布関数 $F(x) = P(X \leqq x) = \displaystyle\int_{-\infty}^x f(t)dt$

次の性質を満たす．

―― 分布関数 $F(x)$ の性質 ―――――――――――――――――――

(1) $a \leqq b$ のとき，$F(a) \leqq F(b)$ （単調増加）

(2) $F(-\infty) = 0,\ F(\infty) = 1$

(3) $P(a \leqq X \leqq b) = \displaystyle\int_a^b f(x)dx = F(b) - F(a)$

3.3.1 連続型確率分布の期待値・分散

　確率密度関数 $f(x)$ に従う連続型確率変数 X の期待値，分散と標準偏差は次の式で定義される．

> **期待値・分散・標準偏差の定義**
>
> 連続型確率変数 X が確率密度 $f(x)$ の確率分布に従うとき,
>
> $$期待値 \quad \mu = E(X) = \int_{-\infty}^{\infty} xf(x)dx$$
>
> $$分散 \quad \sigma^2 = V(X) = E((X-\mu)^2) = \int_{-\infty}^{\infty} (x-\mu)^2 f(x)dx$$
>
> $$標準偏差 \quad \sigma = \sqrt{V(X)}$$

ここで, 離散型と同じく, $V(X) = E(X^2) - E(X)^2$ を確かめておく.

$$
\begin{aligned}
V(X) &= \int_{-\infty}^{\infty} (x-\mu)^2 f(x)dx \\
&= \int_{-\infty}^{\infty} (x^2 - 2\mu x + \mu^2)f(x)dx \\
&= \int_{-\infty}^{\infty} x^2 f(x)dx - 2\mu \int_{-\infty}^{\infty} xf(x)dx + \mu^2 \int_{-\infty}^{\infty} f(x)dx \\
&= E(X^2) - 2\mu^2 + \mu^2 \\
&= E(X^2) - E(X)^2
\end{aligned}
$$

確率変数 X を変換して, $aX + b$ としたときの期待値と分散は,

> **期待値・分散の性質**
>
> $Y = aX + b \quad (a, b : 定数)$ で X から Y に確率変数を変換すると
>
> $$期待値 \quad E(Y) = E(aX + b) = aE(X) + b$$
> $$分散 \quad V(Y) = V(aX + b) = a^2 V(X)$$

證明
$$
\begin{aligned}
E(Y) &= \int_{-\infty}^{\infty} (ax + b)f(x)dx \\
&= a\int_{-\infty}^{\infty} xf(x)dx + b\int_{-\infty}^{\infty} f(x)dx \\
&= aE(X) + b \\
V(Y) &= V(aX + b)
\end{aligned}
$$

$$= \int_{-\infty}^{\infty} \{ax + b - (a\mu + b)\}^2 f(x)dx$$

$$= a^2 \int_{-\infty}^{\infty} (x - \mu)^2 f(x)dx$$

$$= a^2 V(X)$$

一般に，単調関数 g に対して，$Y = g(X)$ とおくと，$f_X(x)$ も Y の確率密度関数 $f_Y(y)$ に変換される．この関数を求めるには，$y = g(x)$ から $x = g^{-1}(y)$ と逆関数を求め，次のように計算する．

$$P(Y \leqq y) = P(g(X) \leqq y)$$

$$= \begin{cases} P(X \leqq g^{-1}(y)) = F(g^{-1}(y)) & g \text{ が単調増加} \\ P(X \geqq g^{-1}(y)) = 1 - F(g^{-1}(y)) & g \text{ が単調減少} \end{cases}$$

上記を微分すると，

$$f_Y(y) = \begin{cases} f_X(g^{-1}(y))g^{-1}(y)' & g \text{ が単調増加} \\ -f_X(g^{-1}(y))g^{-1}(y)' & g \text{ が単調減少} \end{cases}$$

したがって，

$$f_Y(y) = f_X(g^{-1}(y))|g^{-1}(y)'|$$

変数変換

確率変数 X を単調関数 g に対して $y = g(x)$ で変数変換すると，確率密度関数 $f_X(x)$ は

$$\boldsymbol{f_Y(y) = f_X(g^{-1}(y))|g^{-1}(y)'|}$$

練習 **3.9** 確率変数 X が次の確率密度関数 $f_X(x)$ で与えられる確率分布に従うとき，$z = x^2$ で変数変換された確率変数 Z の確率密度関数 $f_Z(z)$ を求めよ．

$$f_X(x) = \begin{cases} x & (0 \leqq x \leqq 1) \\ 0 & (1 < x) \end{cases}$$

$$\left[f_Z(z) = \begin{cases} \dfrac{1}{2} & (0 \leqq z \leqq 1) \\ 0 & (1 < z) \end{cases} \right]$$

3.4　2変数の確率分布

3.4.1　離散型2変数の確率関数

2つの離散型確率変数 X, Y について, (X, Y) を**同時確率変数**と呼び, $(X, Y) = (x_i, y_j)$ のときの確率を

$$P_{ij} = P(X = x_i, Y = y_j) \quad (i = 1, 2, \cdots, m, \ j = 1, 2, \cdots, n)$$

と表し, この P_{ij} を, 2つの確率変数 X, Y の**同時確率関数**と呼ぶ.

そして, すべての (x_i, y_j) で P_{ij} が定まっているとき, (X, Y) の**同時確率分布** (simultaneous probability distribution) が与えられているという. また, 確率関数を確率分布と総称することもある. ここで, 確率関数 P_{ij} は次の性質をもつ.

確率関数の性質

(1) $\displaystyle\sum_{j=1}^{n}\sum_{i=1}^{m} P_{ij} = 1$ 　　ただし　　$0 \leqq P_{ij} \leqq 1$

(2) $P(a \leqq X \leqq b, c \leqq Y \leqq d) = \displaystyle\sum_{c \leqq y_j \leqq d}\sum_{a \leqq x_i \leqq b} P_{ij}$

▌周辺確率分布▐

2変数 X, Y の確率関数 P_{ij} が与えられたとき, これから X または Y だけについての確率関数を求めたい場合がある. これには, Y または X について積算し,

$$P_{i\bullet} = P(X = x_i) = \sum_{j=1}^{n} P_{ij} \quad \text{または} \quad P_{\bullet j} = P(Y = y_j) = \sum_{i=1}^{m} P_{ij}$$

とすればよい．このとき，$P_{i\bullet}$ は変数 X だけの確率関数となり，これを X の**周辺確率関数**と呼ぶ．同様に，$P_{\bullet j}$ を Y の周辺確率関数と呼ぶ．

また，これらの値がすべての実現値で決まっているとき，**周辺確率分布**が与えられたという．

ここでさらに，3 つの (累積) 分布関数 $F(x, y)$，$F_X(x)$，$F_Y(y)$ を定義する．

── 分布関数 ──

$$F(x, y) = P(X \leqq x, Y \leqq y) = \sum_{y_j \leqq y} \sum_{x_i \leqq x} P_{ij}$$

$$F_X(x) = P_X(X \leqq x) = \sum_{x_i \leqq x} P_{i\bullet}$$

$$F_Y(y) = P_Y(Y \leqq y) = \sum_{y_j \leqq y} P_{\bullet j}$$

▓同時確率変数の期待値▓

通常の確率変数の期待値に準じて，同時確率変数 (X, Y) の同時確率関数 P_{ij} に対して，関数 $g(X, Y)$ の期待値を，次のように定義する．

── 同時確率変数の期待値 ──

$$E(g(X, Y)) = \sum_{j=1}^{n} \sum_{i=1}^{m} g(x_i, y_j) P_{ij}$$

つぎに，確率変数 X, Y の期待値，分散，共分散を定義する．

X の期待値 $\quad \mu_X = E(X) = \displaystyle\sum_{j=1}^{n}\sum_{i=1}^{m} x_i P_{ij}$

Y の期待値 $\quad \mu_Y = E(Y) = \displaystyle\sum_{j=1}^{n}\sum_{i=1}^{m} y_j P_{ij}$

X の分散 $\quad {\sigma_X}^2 = V(X) = E((X - \mu_X)^2) = \displaystyle\sum_{j=1}^{n}\sum_{i=1}^{m} (x_i - \mu_X)^2 P_{ij}$

Y の分散 $\quad {\sigma_Y}^2 = V(Y) = E((Y - \mu_Y)^2) = \displaystyle\sum_{j=1}^{n}\sum_{i=1}^{m} (y_j - \mu_Y)^2 P_{ij}$

X と Y の共分散 $\quad {\sigma_{XY}}^2 = C(X, Y) = E((X - \mu_X)(Y - \mu_Y))$

また，期待値，分散，共分散の性質を示す.

期待値の性質

$$E(aX + bY + c) = aE(X) + bE(Y) + c \quad (a, b, c : 定数)$$

証明 $\quad E(aX + bY + c) = \displaystyle\sum_{j=1}^{n}\sum_{i=1}^{m} (ax_i + by_j + c)P_{ij}$

$$= a\sum_{j=1}^{n}\sum_{i=1}^{m} x_i P_{ij} + b\sum_{j=1}^{n}\sum_{i=1}^{m} y_j P_{ij} + c\sum_{j=1}^{n}\sum_{i=1}^{m} P_{ij}$$

$$= aE(X) + bE(Y) + c$$

分散の性質 1

$$V(aX + bY + c) = a^2 V(X) + 2ab\,C(X, Y) + b^2 V(Y)$$

$$(a, b, c : 定数)$$

$$V(aX + bY + c) = E\big((aX + bY + c - (a\mu_X + b\mu_Y + c))^2\big)$$

$$= E\big((a(X - \mu_X) + b(Y - \mu_Y))^2\big)$$

$$= a^2 E((X - \mu_X)^2) + 2ab\,E((X - \mu_X)(Y - \mu_Y))$$

$$+ b^2 E((Y - \mu_Y)^2)$$
$$= a^2 V(X) + 2ab\, C(X,Y) + b^2 V(Y)$$

分散の性質 2

$$V(X) = E(X^2) - E(X)^2$$
$$V(Y) = E(Y^2) - E(Y)^2$$

証明

$$V(X) = \sum_{j=1}^{n} \sum_{i=1}^{m} (x_i - \mu_X)^2 P_{ij}$$

$$= \sum_{j=1}^{n} \sum_{i=1}^{m} (x_i{}^2 - 2\mu_X x_i + \mu_X{}^2) P_{ij}$$

$$= \sum_{j=1}^{n} \sum_{i=1}^{m} x_i{}^2 P_{ij} - 2\mu_X \sum_{j=1}^{n} \sum_{i=1}^{m} x_i P_{ij} + \mu_X{}^2 \sum_{j=1}^{n} \sum_{i=1}^{m} P_{ij}$$

$$= E(X^2) - 2\mu_X{}^2 + \mu_X{}^2$$

$$= E(X^2) - E(X)^2$$

$V(Y)$ についても, 同様に証明できる.

共分散の性質

$$C(X,Y) = E(XY) - E(X)E(Y)$$

$$C(X,Y) = E((X - \mu_X)(Y - \mu_Y))$$

$$= \sum_{j=1}^{n} \sum_{i=1}^{m} (x_i - \mu_X)(y_j - \mu_Y) P_{ij}$$

$$= \sum_{j=1}^{n} \sum_{i=1}^{m} (x_i y_j - \mu_X y_j - \mu_Y x_i + \mu_X \mu_Y) P_{ij}$$

$$= \sum_{j=1}^{n} \sum_{i=1}^{m} x_i y_j P_{ij} - \mu_X \sum_{j=1}^{n} \sum_{i=1}^{m} y_j P_{ij} - \mu_Y \sum_{j=1}^{n} \sum_{i=1}^{m} x_i P_{ij}$$

$$+ \mu_X \mu_Y \sum_{j=1}^{n} \sum_{i=1}^{m} P_{ij}$$

$$= E(XY) - \mu_X \mu_Y - \mu_Y \mu_X + \mu_X \mu_Y$$

$$= E(XY) - E(X)E(Y)$$

確率変数の独立性

同時確率変数 (X, Y) の同時確率関数 $P(x, y)$ が周辺確率関数 $P_X(x), P_Y(y)$ の積になっているとき，確率変数 X, Y は独立であるという.

確率変数の独立性

$$P_{ij} = P_{i\bullet} \times P_{\bullet j} = P_X(x_i) P_Y(y_j)$$

X, Y が独立のとき，次の式が成り立つ.

独立の性質

(1) $E(XY) = E(X)E(Y)$

(2) $C(X, Y) = 0$

(3) $V(aX + bY + c) = a^2 V(X) + b^2 V(Y)$

[証明]

$$E(XY) = \sum_{j=1}^{n} \sum_{i=1}^{m} x_i y_j P_{ij}$$

$$= \sum_{j=1}^{n} \sum_{i=1}^{m} x_i y_j P_X(x_i) P_Y(y_j)$$

$$= \left\{ \sum_{i=1}^{m} x_i P_X(x_i) \right\} \left\{ \sum_{j=1}^{n} y_j P_Y(y_j) \right\}$$

$$= E(X)E(Y)$$

$$C(X, Y) = E(XY) - E(X)E(Y)$$

$$= 0$$

$$V(aX + bY + c) = a^2 V(X) + 2ab\, C(X, Y) + b^2 V(Y)$$

$$= a^2 V(X) + b^2 V(Y)$$

複数の確率変数 $X_1, X_2, \cdots, X_n$ の和の期待値と分散については，次の式が成り立つ.

多変数への拡張

n 個の確率変数 $\boldsymbol{X_1, X_2, \cdots, X_n}$ について

$$\boldsymbol{E(a_1 X_1 + \cdots + a_n X_n) = a_1 E(X_1) + \cdots + a_n E(X_n)}$$

とくに，$\boldsymbol{X_1, X_2, \cdots, X_n}$ が独立ならば

$$\boldsymbol{V(a_1 X_1 + \cdots + a_n X_n) = a_1{}^2 V(X_1) + \cdots + a_n{}^2 V(X_n)}$$

$$\text{ただし，}\boldsymbol{(a_1, a_2, \cdots, a_n)\text{：定数}}$$

上の式で，$a_1 = a_2 = \cdots = a_n = \dfrac{1}{n}$ の場合を考えると，

$$\overline{X} = \frac{1}{n}(X_1 + X_2 + \cdots + X_n)$$

とおけば，その期待値と分散は次のようになる.

$\overline{X}$ の期待値と分散

$$\boldsymbol{E(\overline{X}) = \frac{1}{n}(E(X_1) + E(X_2) + \cdots + E(X_n))}$$

$$\boldsymbol{V(\overline{X}) = \frac{1}{n^2}(V(X_1) + V(X_2) + \cdots + V(X_n))}$$

同一期待値 μ, 同一分散 σ^2 をもつ互いに独立な n 個の確率変数 $X_1, X_2, \cdots, X_n$ に対して，

$$\overline{X} = \frac{1}{n}(X_1 + X_2 + \cdots + X_n)$$

とおけば，

$$E(\overline{X}) = \mu, \ V(\overline{X}) = \frac{\sigma^2}{n}$$

3.4.2　連続型 2 変数の確率関数

2 つの連続型確率変数 X, Y について，

$$P(a \leqq X \leqq b, c \leqq Y \leqq d) = \int_a^b \int_c^d f(x, y) dx dy$$

で表されるとき，$f(x, y)$ を，(X, Y) の**同時確率密度**または**同時確率密度関数**という．

このとき，確率の性質から，次の式が成り立つ．

確率密度 $f(x, y)$ の性質 ─────────────────────────

(1)　$f(x, y) \geqq 0$　　（注意：$f(x, y) \leqq 1$ は成り立たない）

(2)　$\displaystyle\int_{-\infty}^{\infty} \int_{-\infty}^{\infty} f(x, y) dx dy = 1$

▒ 周辺確率密度関数 ▒

連続型 2 変数 X, Y の同時確率密度 $f(x, y)$ を，Y 方向，X 方向に積分した値，

$$f_X(x) = \int_{-\infty}^{\infty} f(x, y) dy$$

$$f_Y(y) = \int_{-\infty}^{\infty} f(x, y) dx$$

を，それぞれ X および Y の**周辺確率密度関数**と呼ぶ．

▒ 累積分布関数 ▒

1 変数と同じように (累積) 分布関数を次の式で定義する．

$$F_X(x) = \int_{-\infty}^{x} f_X(t) dt = P(X \leqq x)$$

$$F_Y(y) = \int_{-\infty}^{y} f_Y(t) dt = P(Y \leqq y)$$

同時確率変数 (X, Y) の確率密度関数 $f(x, y)$ に対して，関数 $g(X, Y)$ の期待値を次のように定義する．

┌── 同時確率変数の期待値 ─────────────

$$E(g(X, Y)) = \int_{-\infty}^{\infty} \int_{-\infty}^{\infty} g(x, y) f(x, y) dx dy$$

つぎに，連続型確率変数 X, Y の期待値，分散，共分散を定義する．

┌── 期待値・分散・共分散 ─────────────

X の期待値 $\mu_X = E(X) = \int_{-\infty}^{\infty} \int_{-\infty}^{\infty} x f(x, y) dx dy$

Y の期待値 $\mu_Y = E(Y) = \int_{-\infty}^{\infty} \int_{-\infty}^{\infty} y f(x, y) dx dy$

X の分散 $\sigma_X{}^2 = V(X) = E((X - \mu_X)^2)$

$$= \int_{-\infty}^{\infty} \int_{-\infty}^{\infty} (x - \mu_X)^2 f(x, y) dx dy$$

Y の分散 $\sigma_Y{}^2 = V(Y) = E((Y - \mu_Y)^2)$

$$= \int_{-\infty}^{\infty} \int_{-\infty}^{\infty} (y - \mu_Y)^2 f(x, y) dx dy$$

X と Y の共分散 $\sigma_{XY}{}^2 = C(X, Y) = E((X - \mu_X)(Y - \mu_Y))$

$$= \int_{-\infty}^{\infty} \int_{-\infty}^{\infty} (x - \mu_X)(y - \mu_Y) f(x, y) dx dy$$

つぎに，期待値，分散，共分散の性質を示す．

┌── 期待値の性質 ─────────────

$$E(aX + bY + c) = aE(X) + bE(Y) + c \quad (a, b, c : 定数)$$

証明 $E(aX + bY + c) = \displaystyle\int_{-\infty}^{\infty} \int_{-\infty}^{\infty} (ax + by + c)f(x, y)dxdy$

$$= a \int_{-\infty}^{\infty} \int_{-\infty}^{\infty} xf(x, y)dxdy$$

$$+ b \int_{-\infty}^{\infty} \int_{-\infty}^{\infty} yf(x, y)dxdy$$

$$+ c \int_{-\infty}^{\infty} \int_{-\infty}^{\infty} f(x, y)dxdy$$

$$= aE(X) + bE(Y) + c$$

分散の性質 1

$$V(aX + bY + c) = a^2 V(X) + 2ab\,C(X, Y) + b^2 V(Y)$$

$$(a, b, c : \text{定数})$$

$V(aX + bY + c) = E((aX + bY + c - (a\mu_X + b\mu_Y + c))^2)$

$$= E((a(X - \mu_X) + b(Y - \mu_Y))^2)$$

$$= a^2 E((X - \mu_X)^2) + 2ab\,E((X - \mu_X)(Y - \mu_Y))$$

$$+ b^2 E((Y - \mu_Y)^2)$$

$$= a^2 V(X) + 2ab\,C(X, Y) + b^2 V(Y)$$

分散の性質 2

$$V(X) = E(X^2) - E(X)^2$$
$$V(Y) = E(Y^2) - E(Y)^2$$

$V(X) = \displaystyle\int_{-\infty}^{\infty} \int_{-\infty}^{\infty} (x - \mu_X)^2 f(x, y)dxdy$

$$= \int_{-\infty}^{\infty} \int_{-\infty}^{\infty} (x^2 - 2\mu_X x + \mu_X^2)f(x, y)dxdy$$

$$= \int_{-\infty}^{\infty} \int_{-\infty}^{\infty} x^2 f(x, y)dxdy$$

$$- 2\mu_X \int_{-\infty}^{\infty} \int_{-\infty}^{\infty} xf(x,y)dxdy$$

$$+ \mu_X^2 \int_{-\infty}^{\infty} \int_{-\infty}^{\infty} f(x,y)dxdy$$

$$= E(X^2) - 2\mu_X^2 + \mu_X^2$$

$$= E(X^2) - E(X)^2$$

$V(Y)$ についても，同様に証明できる.

共分散の性質

$$C(X,Y) = E(XY) - E(X)E(Y)$$

証明 $C(X,Y) = E((X - \mu_X)(Y - \mu_Y))$

$$= \int_{-\infty}^{\infty} \int_{-\infty}^{\infty} (x - \mu_X)(y - \mu_Y)f(x,y)dxdy$$

$$= \int_{-\infty}^{\infty} \int_{-\infty}^{\infty} (xy - \mu_X y - \mu_Y x + \mu_X \mu_Y)f(x,y)dxdy$$

$$= \int_{-\infty}^{\infty} \int_{-\infty}^{\infty} xyf(x,y)dxdy$$

$$- \mu_X \int_{-\infty}^{\infty} \int_{-\infty}^{\infty} yf(x,y)dxdy$$

$$- \mu_Y \int_{-\infty}^{\infty} \int_{-\infty}^{\infty} xf(x,y)dxdy$$

$$+ \mu_X \mu_Y \int_{-\infty}^{\infty} \int_{-\infty}^{\infty} f(x,y)dxdy$$

$$= E(XY) - \mu_X \mu_Y - \mu_Y \mu_X + \mu_X \mu_Y$$

$$= E(XY) - E(X)E(Y)$$

連続型確率変数の独立性

連続型の同時確率変数 (X,Y) の確率密度関数 $f(x,y)$ が周辺確率密度関数 $f_X(x), f_Y(y)$ の積になっているとき，確率変数 X, Y は独立であるという.

┌── 確率変数の独立性 ─────────────────────────────
│
│ $f(x, y) = f_X(x)f_Y(y)$
│
└──

そして，X, Y が独立のとき，離散型と同様に次の式が成り立つ．

┌── 独立の性質 ─────────────────────────────────
│
│ (1) $E(XY) = E(X)E(Y)$
│ (2) $C(X, Y) = 0$
│ (3) $V(aX + bY + c) = a^2V(X) + b^2V(Y)$
│
└──

[証明]

$$E(XY) = \int_{-\infty}^{\infty} \int_{-\infty}^{\infty} xy f(x, y) dx dy$$

$$= \int_{-\infty}^{\infty} \int_{-\infty}^{\infty} x f_X(x) y f_Y(y) dx dy$$

$$= \left\{ \int_{-\infty}^{\infty} x f_X(x) dx \right\} \left\{ \int_{-\infty}^{\infty} y f_Y(y) dy \right\}$$

$$= E(X)E(Y)$$

$$C(X, Y) = E(XY) - E(X)E(Y)$$

$$= 0$$

$$V(aX + bY + c) = a^2V(X) + 2ab\,C(X, Y) + b^2V(Y)$$

$$= a^2V(X) + b^2V(Y)$$

複数の確率変数 $X_1, X_2, \cdots, X_n$ の和の期待値と分散については，次の式が成り立つ．

多変数への拡張

n 個の確率変数 $X_1, X_2, \cdots, X_n$ について

$$E(a_1 X_1 + \cdots + a_n X_n) = a_1 E(X_1) + \cdots + a_n E(X_n)$$

とくに，$X_1, X_2, \cdots, X_n$ が独立ならば

$$V(a_1 X_1 + \cdots + a_n X_n) = a_1{}^2 V(X_1) + \cdots + a_n{}^2 V(X_n)$$

$$\text{ただし，} (a_1, a_2, \cdots, a_n : \text{定数})$$

上の式で，$a_1 = a_2 = \cdots = a_n = \dfrac{1}{n}$ の場合を考えると，

$$\overline{X} = \frac{1}{n}(X_1 + X_2 + \cdots + X_n)$$

とおけば，その期待値と分散は次のようになる．

$\overline{X}$ の期待値と分散

$$E(\overline{X}) = \frac{1}{n}(E(X_1) + E(X_2) + \cdots + E(X_n))$$

$$V(\overline{X}) = \frac{1}{n^2}(V(X_1) + V(X_2) + \cdots + V(X_n))$$

同一期待値 μ，同一分散 σ^2 をもつ互いに独立な n 個の確率変数 $X_1, X_2, \cdots, X_n$ に対して，

$$\overline{X} = \frac{1}{n}(X_1 + X_2 + \cdots + X_n)$$

とおけば，

$$E(\overline{X}) = \mu, \quad V(\overline{X}) = \frac{\sigma^2}{n}$$

3.4.3 独立な連続型確率変数の和

X と Y を互いに独立な連続型確率変数であるとする．X の確率密度関数を $f(x)$，Y の確率密度関数を $g(y)$ としたとき，$Z = X + Y$ の確率密度関数 $h(z)$

は,

$$h(z) = \int_{-\infty}^{\infty} f(z-y)g(y)dy = \int_{-\infty}^{\infty} f(x)g(z-x)dx$$

となる. これを和 $X + Y$ の分布の**たたみ込み** (convolution) という. これは次のように証明することができる.

[証明] $P(Z \leqq z) = P(X + Y \leqq z)$

$$= \int\int_{x+y \leqq z} f(x)g(y)dxdy$$

$$= \int_{-\infty}^{\infty} \left\{ \int_{-\infty}^{z-y} f(x)dx \right\} g(y)dy$$

$$= \int_{-\infty}^{\infty} P(X \leqq z-y)g(y)dy$$

ここで両辺を z で微分すれば,

$$h(z) = \int_{-\infty}^{\infty} f(z-y)g(y)dy$$

となる. 同様にして,

$$h(z) = \int_{-\infty}^{\infty} f(x)g(z-x)dx$$

を示すことができる.

3.4.4 同時確率密度関数の変数変換

X と Y をそれぞれ連続型確率変数とし, (X, Y) の同時確率密度関数を $f(x, y)$ とおく. U, V を確率変数 X, Y の関数として,

$$U = \phi_1(X, Y), V = \phi_2(X, Y)$$

と変数変換したとき, (X, Y) の同時確率密度関数 $f(x, y)$ は (U, V) の同時確率密度関数 $g(u, v)$ に変換される. ここで, (X, Y) と (U, V) は $1 : 1$ に対応していると仮定しているため, U と V は X と Y について解くことができる.

$$X = \psi_1(U, V), \ Y = \psi_2(U, V)$$

$\psi_1(u,v)$ と $\psi_2(u,v)$ を微分することができれば,(U,V) の同時確率密度関数は次のように求めることができる.$(\psi_1(u,v), \psi_2(u,v))$ の**ヤコビアン** (Jacobian) を

$$J = \begin{vmatrix} \dfrac{\partial \psi_1(u,v)}{\partial u} & \dfrac{\partial \psi_2(u,v)}{\partial u} \\ \dfrac{\partial \psi_1(u,v)}{\partial v} & \dfrac{\partial \psi_2(u,v)}{\partial v} \end{vmatrix}$$

とおくと,(U,V) の同時確率密度関数は,

$$g(u,v) = f(\psi_1(u,v), \psi_2(u,v)) \, |J|$$

で与えられる.

例題 3.1　連続型確率変数 X と Y の同時確率密度関数が,

$$f(x,y) = \frac{1}{2\pi} e^{-\frac{x^2+y^2}{2}}$$

で与えられ,$U = X - Y$,$V = X + Y$ と変数変換したとき,(U,V) の同時確率密度関数 $g(u,v)$ を求めてみる.

まず,U,V を X,Y について解くと,

$$X = \frac{U+V}{2}, \ Y = \frac{V-U}{2}$$

ヤコビアンは,

$$J = \begin{vmatrix} \dfrac{1}{2} & -\dfrac{1}{2} \\ \dfrac{1}{2} & \dfrac{1}{2} \end{vmatrix} = \frac{1}{2}$$

したがって,

$$\begin{aligned} g(u,v) &= \frac{1}{2\pi} e^{-\frac{1}{2} \cdot \left(\frac{u+v}{2}\right)^2 - \frac{1}{2} \cdot \left(\frac{v-u}{2}\right)^2} \cdot \frac{1}{2} \\ &= \frac{1}{4\pi} e^{-\frac{1}{8}(u+v)^2 - \frac{1}{8}(v-u)^2} \\ &= \frac{1}{4\pi} e^{-\frac{u^2+v^2}{4}} \end{aligned}$$

◇◆問題3◆◇

3.1 表と裏が出る確率が，ともに 1/2 となるコインを投げる試行を 6 回おこなう．6 回の試行のうち，表が出る回数が 4 回以上である確率を求めよ．

3.2 サイコロを最低何回以上振れば，少なくとも 1 回 3 以上の目が出る確率を，0.9 以上にすることができるか．

3.3 A チームと B チームが野球の試合をおこなう．これまでの戦歴から A チームが勝つ確率は 2/5 である．試合を 5 回おこなうとき，少なくとも 1 回，A チームが勝つ確率を求めよ．

3.4 ピーナッツが 20 粒入った 200 粒入りの柿の種の袋から，無作為に 30 粒取り出しとき，ピーナッツが含まれていない確率を求めよ．

3.5 ある部品を 1500 個用いて構成されている製品がある．この部品が不良である確率が 7.0×10^{-5} であり，部品が 1 個でも不良のとき，その製品を不良品とする．このとき，製品が不良品でない確率はいくらか．ただし，$e^{-0.105} \fallingdotseq 0.90$ とする．

3.6 ある駅の窓口には，4 分間に平均 2 人の来客があるとする．12 分間の来客数が 8 人以下である確率を求めよ．ただし，$e^{-6} \fallingdotseq 0.0024787$ とする．

3.7 確率変数 X が次の確率密度関数 $f_X(x)$ で与えられる確率分布に従うとき，$z = -\ln x$ で変数変換された確率変数 Z の確率密度関数 $f_Z(z)$ を求めよ．

$$f_X(x) = \begin{cases} 1 & (0 < x < 1) \\ 0 & (1 < x) \end{cases}$$

3.8 X と Y を互いに独立な連続型確率変数とし，X と Y の確率密度関数が，

$$f_X(x) = x^{k_1-1}\frac{e^{-x}}{\Gamma(k_1)}, \; f_Y(y) = y^{k_2-1}\frac{e^{-y}}{\Gamma(k_2)}$$

とする．U, V を確率変数 X, Y の関数として，

$$U = \frac{X}{X+Y}, \; V = X+Y$$

と変数変換するとき，(U, V) の同時確率密度関数 $g(u, v)$ を求めよ．また，U と V の周辺確率密度関数を求めよ．（ただし，確率変数 X と Y はそれぞれ**ガンマ分布**に従うものとする．）

4

正規分布とモーメント母関数

4.1 正規分布

離散型の確率分布である二項分布 $Bin(n, p)$ において，n を大きくしていくと極限で連続型の確率密度関数で表される**正規分布** (normal distribution) (または**ガウス分布** (Gaussian distribution) と呼ばれる) となる．正規分布とは，一般的に出現するという意味で normal と呼ばれており，ほとんど全ての現象が正規分布で表現される．正規分布はその平均 (期待値) μ と分散 σ^2 を用いて，$N(\mu, \sigma^2)$ で表される．ここでは，二項分布から正規分布が導かれることを示す．

$Bin(n, p)$ の確率関数 $P(x) = {}_n\mathrm{C}_x\, p^x q^{n-x} \quad (x = 0, 1, \cdots, n)$ の自然対数を $g(x)$ とおく．

$$g(x) = \ln P(x)$$

$$= \ln\left\{ \frac{n!}{x!\,(n-x)!} p^x q^{n-x} \right\}$$

$$= \ln n! - \ln x! - \ln(n-x)! + x\ln p + (n-x)\ln q$$

ここで，n が十分大きいとき，x は連続的に変化するものと見なせるので，$g(x)$ の微分を考えることができる．

$$g'(x) = -(\ln x!)' - (\ln(n-x)!)' + \ln p - \ln q$$

ここで，**スターリングの公式** (Stirling's formula) から，

$$x! \fallingdotseq x^x e^{-x}\sqrt{2\pi x}$$

$$\ln x! \fallingdotseq \ln\left(x^x e^{-x}\sqrt{2\pi x}\right)$$

$$= x\ln x - x + \frac{1}{2}\ln 2\pi + \frac{1}{2}\ln x$$

$$(\ln x!)' \fallingdotseq \ln x + 1 - 1 + \frac{1}{2x}$$

$$\fallingdotseq \ln x \qquad (x \gg 0 \text{ のとき})$$

同様に,

$$(\ln (n - x)!)' \fallingdotseq -\ln (n - x)$$

これより

$$g'(x) = -(\ln x!)' - (\ln (n - x)!)' + \ln p - \ln q$$

$$\fallingdotseq -\ln x + \ln (n - x) + \ln p - \ln q$$

$$= \ln \frac{p(n - x)}{qx}$$

ここで, $g'(x) = 0$ となる x は,

$$\frac{p(n - x)}{qx} = \frac{p(n - x)}{(1 - p)x} = 1$$

より, $x = np$ となり, 二項分布の期待値 μ となる.

$g(x)$ の 2 次微分を求めると,

$$g''(x) = -\frac{1}{x} - \frac{1}{(n - x)}$$

$$= -\frac{n}{x(n - x)}$$

したがって, $x = np = \mu$ での $g''(x)$ の値は,

$$g''(\mu) = -\frac{n}{np(n - np)} = -\frac{1}{npq}$$

となる. npq は二項分布の分散であり,

$$g''(\mu) = -\frac{1}{\sigma^2}$$

つぎに, $g(x)$ を $x = \mu$ のまわりで**テーラー展開** (Taylor expansion) する.

$$f(x) = \sum_{n=0}^{\infty} \frac{f^{(n)}(a)}{n!}(x-a)^n$$

ただし，$f^{(n)}(a)$ は f の a における n 次導関数である

$$g(x) = g(\mu) + \frac{g'(\mu)}{1!}(x-\mu) + \frac{g''(\mu)}{2!}(x-\mu)^2 + \frac{g^{(3)}(\mu)}{3!}(x-\mu)^3 + \cdots$$

$k > 3$ で $\dfrac{(x-\mu)^k}{k!} \fallingdotseq 0$ と近似できるので，2 次の項までをとって，

$$g(x) \fallingdotseq g(\mu) + \frac{g'(\mu)}{1!}(x-\mu) + \frac{g''(\mu)}{2!}(x-\mu)^2$$

また，$g'(\mu) = 0, g''(\mu) = -\dfrac{1}{\sigma^2}$ より，

$$g(x) \fallingdotseq g(\mu) - \frac{(x-\mu)^2}{2\sigma^2}$$

ここで，$g(x) = \ln P(x)$ より，

$$\ln P(x) \fallingdotseq \ln P(\mu) - \frac{(x-\mu)^2}{2\sigma^2}$$

両辺の対数を真数表示に戻すと，

$$P(x) \fallingdotseq P(\mu)e^{-\frac{(x-\mu)^2}{2\sigma^2}}$$

$$= c \cdot e^{-\frac{(x-\mu)^2}{2\sigma^2}}$$

このように，$n, x \gg 0$ の仮定の下に，二項分布の確率密度 $P(x)$ は，正規分布に近づくことになる.

つぎに，確率密度関数の条件 $\displaystyle\int_{-\infty}^{\infty} c \cdot e^{-\frac{(x-\mu)^2}{2\sigma^2}} dx = 1$ から，定数 c を決定する.

$z = \dfrac{x-\mu}{\sigma}$ と変数変換すると，$dx = \sigma\, dz$, $x : -\infty \to \infty$ のとき $z : -\infty \to \infty$ となるので，

$$c \int_{-\infty}^{\infty} e^{-\frac{z^2}{2}} \sigma\, dz = 1$$

ここで，$\displaystyle\int_{-\infty}^{\infty} e^{-\frac{z^2}{2}}\,dz = \sqrt{2\pi}$ より，$c\sigma\sqrt{2\pi} = 1$ となる．したがって，

$$c = \frac{1}{\sqrt{2\pi}\sigma}$$

以上から，平均 μ，分散 σ^2 の正規分布 $N(\mu, \sigma^2)$ の確率密度関数 $f(x)$ は，

$$f(x) = \frac{1}{\sqrt{2\pi}\sigma} e^{-\frac{(x-\mu)^2}{2\sigma^2}}$$

となる．これは，最も重要な確率密度関数である．

> **正規分布の確率密度関数**
>
> $$f(x) = \frac{1}{\sqrt{2\pi}\sigma} e^{-\frac{(x-\mu)^2}{2\sigma^2}}$$
>
> ただし，平均 μ，分散 σ^2 である

ここで，$\displaystyle\int_{-\infty}^{\infty} e^{-\frac{x^2}{2}}\,dx = \sqrt{2\pi}$ を確認しておく．

$$I = \int_{-\infty}^{\infty} e^{-\frac{x^2}{2}}\,dx$$

とすると，その積は，

$$I^2 = \left\{\int_{-\infty}^{\infty} e^{-\frac{x^2}{2}}\,dx\right\}\left\{\int_{-\infty}^{\infty} e^{-\frac{y^2}{2}}\,dy\right\}$$

となるが，x と y は独立であるので，次のように2重積分の形にできる．

$$I^2 = \int_{-\infty}^{\infty}\int_{-\infty}^{\infty} e^{-\frac{x^2+y^2}{2}}\,dxdy$$

変数変換の公式から，$x = \varphi(u, v), y = \psi(u, v)$ とすると，

$$\iint_D f(x, y)\,dxdy = \iint_G f(\varphi(u, v), \psi(u, v))\left|\frac{\partial(x, y)}{\partial(u, v)}\right|\,dudv$$

$\dfrac{\partial(x, y)}{\partial(u, v)}$ はヤコビアンと呼ばれ，次の式で定義される．

$$|J_f| = \frac{\partial(x, y)}{\partial(u, v)} = \frac{\partial\varphi}{\partial u}\frac{\partial\psi}{\partial v} - \frac{\partial\varphi}{\partial v}\frac{\partial\psi}{\partial u}$$

$x = r\cos\theta, y = r\sin\theta$ とおくと，

$$|J_f| = \cos\theta \cdot r\cos\theta - (-r\sin\theta) \cdot \sin\theta = r$$

となる．また，$x^2 + y^2 = r^2$ となることから，変数変換後の I^2 は，次のようになる．

$$I^2 = \int_0^{2\pi} \int_0^\infty e^{-\frac{r^2}{2}} r\, dr d\theta$$

ここで，積分区間は $\theta: 0 \to 2\pi, r: 0 \to \infty$ に変換されている．

$$\left(-e^{-\frac{r^2}{2}}\right)' = re^{-\frac{r^2}{2}}$$

より，

$$I^2 = \left[-e^{-\frac{r^2}{2}}\right]_0^\infty \int_0^{2\pi} d\theta$$

$$= 1 \cdot 2\pi = 2\pi$$

よって，$I = \sqrt{2\pi}$ となる．

ガウス積分

$$\int_{-\infty}^{\infty} e^{-\frac{x^2}{2}}\, dx = \sqrt{2\pi}$$

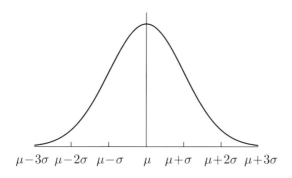

図 **4.1** 正規分布 $N(\mu, \sigma^2)$ の分布図

4.1.1　正規分布の期待値と分散

正規分布の確率密度関数の導出過程で，平均 μ，分散 σ^2 を示したが，改めて平均，分散の定義から求めておく．

■ 平均の計算 ■

$$
\begin{aligned}
E(X) &= \int_{-\infty}^{\infty} x \frac{1}{\sqrt{2\pi}\sigma} e^{-\frac{(x-\mu)^2}{2\sigma^2}} dx \\
&= \frac{1}{\sqrt{2\pi}\sigma} \int_{-\infty}^{\infty} x e^{-\frac{(x-\mu)^2}{2\sigma^2}} dx
\end{aligned}
$$

ここで，$z = \dfrac{x-\mu}{\sigma}$ とおくと，$dx = \sigma\, dz$，$z : -\infty \to \infty$ より，

$$
\begin{aligned}
E(X) &= \frac{1}{\sqrt{2\pi}\sigma} \int_{-\infty}^{\infty} (\sigma z + \mu) e^{-\frac{z^2}{2}} \sigma\, dz \\
&= \frac{\sigma}{\sqrt{2\pi}} \int_{-\infty}^{\infty} z e^{-\frac{z^2}{2}} dz + \frac{\mu}{\sqrt{2\pi}} \int_{-\infty}^{\infty} e^{-\frac{z^2}{2}} dz \\
&= \frac{\sigma}{\sqrt{2\pi}} \underbrace{\left[-e^{-\frac{z^2}{2}}\right]_{-\infty}^{\infty}}_{0} + \frac{\mu}{\sqrt{2\pi}} \sqrt{2\pi} \\
&= \mu
\end{aligned}
$$

■ 分散の計算 ■

$$
V(X) = E(X^2) - E(X)^2
$$

$$
\begin{aligned}
E(X^2) &= \int_{-\infty}^{\infty} x^2 \frac{1}{\sqrt{2\pi}\sigma} e^{-\frac{(x-\mu)^2}{2\sigma^2}} dx \\
&= \frac{1}{\sqrt{2\pi}} \int_{-\infty}^{\infty} (\sigma z + \mu)^2 e^{-\frac{z^2}{2}} dz \\
&= \frac{\sigma^2}{\sqrt{2\pi}} \int_{-\infty}^{\infty} z^2 e^{-\frac{z^2}{2}} dz + \frac{2\mu\sigma}{\sqrt{2\pi}} \underbrace{\int_{-\infty}^{\infty} z e^{-\frac{z^2}{2}} dz}_{0}
\end{aligned}
$$

$$+ \frac{\mu^2}{\sqrt{2\pi}} \underbrace{\int_{-\infty}^{\infty} e^{-\frac{z^2}{2}}\, dz}_{\sqrt{2\pi}}$$

$$= \frac{\sigma^2}{\sqrt{2\pi}} \underbrace{\left[z\left(-e^{-\frac{z^2}{2}} \right) \right]_{-\infty}^{\infty}}_{0} - \frac{\sigma^2}{\sqrt{2\pi}} \int_{-\infty}^{\infty} \left(-e^{-\frac{z^2}{2}} \right) dz + \mu^2$$

$$= \frac{\sigma^2}{\sqrt{2\pi}} \underbrace{\int_{-\infty}^{\infty} e^{-\frac{z^2}{2}}\, dz}_{\sqrt{2\pi}} + \mu^2$$

$$= \sigma^2 + \mu^2$$

したがって,

$$V(X) = \sigma^2$$

正規分布の平均と分散

確率密度関数 $f(x) = \dfrac{1}{\sqrt{2\pi}\sigma} e^{-\frac{(x-\mu)^2}{2\sigma^2}}$ の正規分布は, **平均 $= \mu$**

分散 $= \sigma^2$

正規分布の確率密度関数を, $Z = \dfrac{X-\mu}{\sigma}$ で変数変換すると, $x = \sigma z + \mu$, $dx = \sigma\, dz$ より,

$$f(z) = f(\sigma z + \mu)\frac{dx}{dz}$$

$$= \frac{1}{\sqrt{2\pi}} e^{-\frac{z^2}{2}}$$

これを, **標準正規分布** (standard normal distribution) という.

変数変換に伴う平均, 分散の変化は, 次の式から求めることができる.

$$E(Z) = E\left(\frac{X}{\sigma} - \frac{\mu}{\sigma} \right) = \frac{1}{\sigma} E(X) - \frac{\mu}{\sigma} = 0$$

$$V(Z) = V\left(\frac{X}{\sigma} - \frac{\mu}{\sigma} \right) = \frac{1}{\sigma^2} V(X) = 1$$

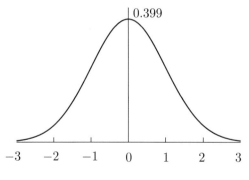

図 4.2 標準正規分布 $N(0,1)$ の分布図

標準正規分布の平均と分散

確率密度関数 $f(x) = \dfrac{1}{\sqrt{2\pi}} e^{-\frac{z^2}{2}}$ の標準正規分布は，　**平均 = 0**

分散 = 1

4.1.2　正規分布の再生性

　確率変数 X_1, X_2 が独立であり，それぞれ正規分布 $N(\mu_1, \sigma_1{}^2), N(\mu_2, \sigma_2{}^2)$ に従うとき，和 $X_1 + X_2$ は $N(\mu_1 + \mu_2, \sigma_1{}^2 + \sigma_2{}^2)$ に従う．これを正規分布の再生性という．

[証明]　確率変数 $X_1 + X_2$ の確率密度関数 $f_{X_1+X_2}$ をたたみ込みで計算する．

$$f_{X_1+X_2}(x) = \int_{-\infty}^{\infty} f_{X_1}(x-y) f_{X_2}(y) dy$$

$$= \int_{-\infty}^{\infty} \frac{1}{\sqrt{2\pi}\sigma_1} e^{-\frac{\{(x-y)-\mu_1\}^2}{2\sigma_1{}^2}} \frac{1}{\sqrt{2\pi}\sigma_2} e^{-\frac{(y-\mu_2)^2}{2\sigma_2{}^2}} dy$$

$$= \frac{1}{\sqrt{2\pi}} \int_{-\infty}^{\infty} \frac{1}{\sqrt{2\pi}\sigma_1\sigma_2} e^{-\frac{1}{2\sigma_1{}^2\sigma_2{}^2}\left\{\sigma_2{}^2(x-y-\mu_1)^2 + \sigma_1{}^2(y-\mu_2)^2\right\}} dy$$

e の指数部を変形すると，

$$-\frac{1}{2\sigma_1{}^2\sigma_2{}^2}\left\{\sigma_2{}^2(x-y-\mu_1)^2 + \sigma_1{}^2(y-\mu_2)^2\right\}$$

$$= \frac{\sigma_1{}^2 + \sigma_2{}^2}{2\sigma_1{}^2\sigma_2{}^2}\left\{y^2 - 2\frac{\sigma_2{}^2(x-\mu_1) + \mu_2\sigma_1{}^2}{\sigma_1{}^2 + \sigma_2{}^2}y\right\}$$

$$
- \frac{1}{2\sigma_1{}^2\sigma_2{}^2}\left(\sigma_2{}^2 x^2 - 2\mu_1\sigma_2{}^2 x + \sigma_2{}^2\mu_1{}^2 + \sigma_1{}^2\mu_2{}^2\right)
$$

$$
= -\frac{\sigma_1{}^2 + \sigma_2{}^2}{2\sigma_1{}^2\sigma_2{}^2}\left\{y - \frac{\sigma_2{}^2(x-\mu_1) + \mu_2\sigma_1{}^2}{\sigma_1{}^2 + \sigma_2{}^2}\right\}^2
$$

$$
- \frac{1}{2\sigma_1{}^2\sigma_2{}^2}\left\{\sigma_2{}^2(x-\mu_1)^2 + \sigma_1{}^2\mu_2{}^2 - \frac{[(x-\mu_1)\sigma_2{}^2 + \mu_2\sigma_1{}^2]^2}{\sigma_1{}^2 + \sigma_2{}^2}\right\}
$$

$$
= -\frac{\left\{y - \dfrac{(x-\mu_1)\sigma_2{}^2 + \mu_2\sigma_1{}^2}{\sigma_1{}^2 + \sigma_2{}^2}\right\}^2}{2\left(\dfrac{\sigma_1\sigma_2}{\sqrt{\sigma_1{}^2 + \sigma_2{}^2}}\right)^2}
$$

$$
- \frac{1}{2(\sigma_1{}^2 + \sigma_2{}^2)}\left\{(x-\mu_1)^2 + \mu_2{}^2 - 2x\mu_2 + 2\mu_1\mu_2\right\}
$$

$$
= -\frac{\left\{y - \dfrac{(x-\mu_1)\sigma_2{}^2 + \mu_2\sigma_1{}^2}{\sigma_1{}^2 + \sigma_2{}^2}\right\}^2}{2\left(\dfrac{\sigma_1\sigma_2}{\sqrt{\sigma_1{}^2 + \sigma_2{}^2}}\right)^2} - \frac{\{x - (\mu_1+\mu_2)\}^2}{2(\sigma_1{}^2 + \sigma_2{}^2)}
$$

これをもとの式に戻せば，

$$
f_{X_1+X_2}(x)
$$

$$
= \frac{1}{\sqrt{2\pi}}\int_{-\infty}^{\infty}\frac{1}{\sqrt{2\pi}\sigma_1\sigma_2}e^{-\frac{\left\{y - \frac{(x-\mu_1)\sigma_2{}^2 + \mu_2\sigma_1{}^2}{\sigma_1{}^2+\sigma_2{}^2}\right\}^2}{2\left(\frac{\sigma_1\sigma_2}{\sqrt{\sigma_1{}^2+\sigma_2{}^2}}\right)^2} - \frac{\{x-(\mu_1+\mu_2)\}^2}{2(\sigma_1{}^2+\sigma_2{}^2)}}\,dy
$$

$$
= \frac{1}{\sqrt{2\pi}}e^{-\frac{\{x-(\mu_1+\mu_2)\}^2}{2(\sigma_1{}^2+\sigma_2{}^2)}}\int_{-\infty}^{\infty}\frac{1}{\sqrt{2\pi}\sigma_1\sigma_2}e^{-\frac{\left\{y - \frac{(x-\mu_1)\sigma_2{}^2 + \mu_2\sigma_1{}^2}{\sigma_1{}^2+\sigma_2{}^2}\right\}^2}{2\left(\frac{\sigma_1\sigma_2}{\sqrt{\sigma_1{}^2+\sigma_2{}^2}}\right)^2}}\,dy
$$

$$
= \frac{1}{\sqrt{2\pi(\sigma_1{}^2 + \sigma_2{}^2)}}e^{-\frac{\{x-(\mu_1+\mu_2)\}^2}{2(\sigma_1{}^2+\sigma_2{}^2)}}
$$

$$
\times \int_{-\infty}^{\infty}\frac{\sqrt{\sigma_1{}^2+\sigma_2{}^2}}{\sqrt{2\pi}\sigma_1\sigma_2}e^{-\frac{\left\{y - \frac{(x-\mu_1)\sigma_2{}^2 + \mu_2\sigma_1{}^2}{\sigma_1{}^2+\sigma_2{}^2}\right\}^2}{2\left(\frac{\sigma_1\sigma_2}{\sqrt{\sigma_1{}^2+\sigma_2{}^2}}\right)^2}}\,dy
$$

ここで，右辺第2項は正規分布の $-\infty$ から ∞ まで積分となっているので 1 となる．し

たがって,

$$f_{X_1+X_2}(x) = \frac{1}{\sqrt{2\pi(\sigma_1{}^2 + \sigma_2{}^2)}} e^{-\frac{\{x-(\mu_1+\mu_2)\}^2}{2(\sigma_1{}^2+\sigma_2{}^2)}}$$

これは確率変数 $X_1 + X_2$ が, 平均 $\mu_1 + \mu_2$, 分散 $\sigma_1{}^2 + \sigma_2{}^2$ に従うことを示している. つまり,

$$X_1 + X_2 \sim N(\mu_1 + \mu_2, \sigma_1{}^2 + \sigma_2{}^2)$$

となる.

練習 4.1 ある測定値は平均 10, 分散 5 の正規分布に従っている. 3 回独立に測定して, 3 回とも 13 以上である確率を求めよ. また, 3 回の測定値の平均が 9 以下である確率を求めよ.

$$[0.0007, 0.2193]$$

練習 4.2 飛行機を予約する人のうち, 5% はキャンセルするという. 150 席の飛行機の予約を 5% 増しの 158 席分入れたとき, 乗れなくなる乗客の出る確率を求めよ. (ヒント:二項分布の平均と分散を用いる)

$$[0.44 \quad (二項分布では 0.46)]$$

練習 4.3 ある大会社の 2000 人の従業員の IQ (知能指数) は, 平均 112, 標準偏差 12 の正規分布で近似できる. ある特定の作業は少々難しいため, IQ120 にみあう知能を必要としているが, IQ130 以上の人では少々退屈で効率が悪くなるようである. いったい何人の従業員がこの作業に向いているといえるか.

$$[371]$$

(参考) 偏差値 $= \dfrac{x - \overline{x}}{\sigma} \times 10 + 50$, 知能指数 $= \dfrac{x - \overline{x}}{\sigma} \times 15 + 100$

4.2 モーメント母関数

4.2.1 モーメント

$f(x)$ を確率密度関数とすると，ある関数 $g(X)$ の期待値 (平均) は，

$$E(g(X)) = \int_{-\infty}^{\infty} g(x)f(x)dx$$

で定義される．したがって，X^k の期待値は，

$$E(X^k) = \int_{-\infty}^{\infty} x^k f(x)dx$$

となり，これを **k 次のモーメント** (moment of kth degree) と呼んでいる．したがって，1 次のモーメント

$$E(X) = \int_{-\infty}^{\infty} x f(x)dx$$

は，ある確率分布の平均 μ を表している．また，μ のまわりの 2 次のモーメント

$$E((X-\mu)^2) = \int_{-\infty}^{\infty} (x-\mu)^2 f(x)dx$$

は，分散 σ^2 を表している．

4.2.2 モーメント母関数

モーメントを作り出す元になる関数として，**モーメント母関数** (moment genarating function) があり，次の式で定義される．

モーメント母関数

$$M(t) = E(e^{tX}) = \int_{-\infty}^{\infty} e^{tx} f(x)dx$$

ここで，X は連続型確率変数，$f(x)$ は確率密度関数

ここで，指数関数 e^x の級数展開は次のようになるから，

---
e^x の級数展開

$$e^x = \sum_{n=0}^{\infty} \frac{x^n}{n!}$$

関数 e^{tX} の級数展開は,

$$e^{tX} = 1 + tX + \frac{t^2 X^2}{2!} + \frac{t^3 X^3}{3!} + \cdots$$

となる. ここで, 期待値を考えると,

$$M(t) = E(e^{tX})$$

$$= E\left(1 + tX + \frac{t^2 X^2}{2!} + \frac{t^3 X^3}{3!} + \cdots\right)$$

$$= E(1) + E(X)t + E(X^2)\frac{t^2}{2!} + E(X^3)\frac{t^3}{3!} + \cdots$$

$$= 1 + E(X)t + E(X^2)\frac{t^2}{2!} + E(X^3)\frac{t^3}{3!} + \cdots$$

となる. これを t で微分すると,

$$M'(t) = E(X) + E(X^2)t + E(X^3)\frac{t^2}{2!} + E(X^4)\frac{t^3}{3!} + \cdots$$

となり, $t = 0$ を代入すれば, $E(X)$ が得られる. さらに微分すると,

$$M''(t) = E(X^2) + E(X^3)t + E(X^4)\frac{t^2}{2!} + E(X^5)\frac{t^3}{3!} + \cdots$$

となり, $t = 0$ を代入すれば, 2 次のモーメント $E(X^2)$ が得られる. 同様にして, モーメント $E(X^k)$ を次々に求めることができる.

---
k 次モーメント

$$E(X^k) = M^{(k)}(0)$$

ここで, $M^{(k)}$ は k 次導関数

したがって, 平均と分散は,

$$E(X) = \mu = M'(0)$$

$$V(X) = \sigma^2 = M''(0) - M'(0)^2$$

で，モーメント母関数から求めることができる．

　ただし，モーメント母関数の定義から推測できるように，e^{tx} は ∞ で非常に大きくなるため，確率分布の種類によっては被積分関数が発散して，積分が存在しないこともあり，モーメント母関数はすべての確率分布で存在するわけではない．後述する重要な t 分布もモーメント母関数を持たない分布である．

4.2.3　正規分布のモーメント母関数

　正規分布の確率密度関数は，

$$f(x) = \frac{1}{\sqrt{2\pi}\sigma} e^{-\frac{(x-\mu)^2}{2\sigma^2}}$$

で与えられる．モーメント母関数は，

$$M(t) = E(e^{tX}) = \int_{-\infty}^{\infty} e^{tx} f(x) dx$$

より，正規分布のモーメント母関数は，

$$M(t) = \frac{1}{\sqrt{2\pi}\sigma} \int_{-\infty}^{\infty} e^{tx} e^{-\frac{(x-\mu)^2}{2\sigma^2}} dx$$

$$= \frac{1}{\sqrt{2\pi}\sigma} \int_{-\infty}^{\infty} e^{-\frac{(x-\mu)^2 - 2\sigma^2 tx}{2\sigma^2}} dx$$

指数関数のべき部の分子は，

$$(x-\mu)^2 - 2\sigma^2 tx = x^2 - 2\mu x + \mu^2 - 2\sigma^2 tx$$

$$= x^2 - 2(\mu + \sigma^2 t)x + \mu^2$$

$$= (x - (\mu + \sigma^2 t))^2 - (\mu + \sigma^2 t)^2 + \mu^2$$

$$= (x - (\mu + \sigma^2 t))^2 - 2\mu\sigma^2 t - \sigma^4 t^2$$

となるので，べき部は，

$$-\frac{(x - (\mu + \sigma^2 t))^2}{2\sigma^2} + \mu t + \frac{\sigma^2 t^2}{2}$$

となる. よって,

$$M(t) = e^{\mu t + \frac{\sigma^2 t^2}{2}} \frac{1}{\sqrt{2\pi}\sigma} \int_{-\infty}^{\infty} e^{-\frac{(x-(\mu+\sigma^2 t))^2}{2\sigma^2}} dx$$

ここで,

$$\frac{1}{\sqrt{2\pi}\sigma} e^{-\frac{(x-(\mu+\sigma^2 t))^2}{2\sigma^2}}$$

は, 平均が $\mu + \sigma^2 t$, 分散が σ^2 の正規分布になるので,

$$\frac{1}{\sqrt{2\pi}\sigma} \int_{-\infty}^{\infty} e^{-\frac{(x-(\mu+\sigma^2 t))^2}{2\sigma^2}} dx = 1$$

となり,

$$M(t) = e^{\mu t + \frac{\sigma^2 t^2}{2}}$$

となる. t で微分すると,

$$M'(t) = e^{\mu t + \frac{\sigma^2 t^2}{2}} \left(\mu t + \frac{\sigma^2 t^2}{2} \right)' = (\mu + \sigma^2 t) e^{\mu t + \frac{\sigma^2 t^2}{2}}$$

$t = 0$ を代入して, 平均 $E(X)$ は 1 次モーメントとして,

$$M'(0) = E(X) = \mu$$

つぎに,

$$M''(t) = \sigma^2 e^{\mu t + \frac{\sigma^2 t^2}{2}} + (\mu + \sigma^2 t)^2 e^{\mu t + \frac{\sigma^2 t^2}{2}}$$

であるから, 2 次のモーメントは, $t = 0$ を代入して,

$$M''(0) = E(X^2) = \sigma^2 + \mu^2$$

よって, 分散 $V(X)$ は,

$$V(X) = E(X^2) - E(X)^2$$

$$= \sigma^2 + \mu^2 - \mu^2 = \sigma^2$$

練習 **4.4** 標準正規分布のモーメント母関数を求め, 平均と分散を計算せよ.

$$\left[M(t) = e^{\frac{t^2}{2}}, \ M'(0) = 0, \ M''(0) = 1 \right]$$

4.2.4 モーメント母関数による再生性の証明

正規分布の再生性については，確率密度関数から直接証明したが，モーメント母関数を用いることで容易に証明することができる．ただし，その前に2つの重要な性質を示す．

性質1

モーメント母関数と確率密度関数が1対1に対応する性質，つまり，モーメント母関数が決まればそれに対応するただ1つの確率分布が決まる性質である．数学的に表現すれば，2つの確率密度関数 $f(x), g(x)$ があって，それらのモーメント母関数が $-h < t < h \ (h > 0)$ であるすべての t に対して存在し，かつ同一であれば $f(x)$ と $g(x)$ は等しい．

証明　2つの確率密度関数の差 $f(x) - g(x)$ が，

$$f(x) - g(x) = a_0 + a_1 x + a_2 x^2 + \cdots = \sum_{i=0}^{\infty} a_i x^i$$

と展開される場合のみを考える．ただし，本文で扱う確率密度関数はこれを満たしており，特殊な場合でないことを述べておく．

$$f(x) - g(x) = \sum_{i=0}^{\infty} a_i x^i$$

の両辺に $f(x) - g(x)$ を掛けると，

$$[f(x) - g(x)]^2 = [f(x) - g(x)] \sum_{i=0}^{\infty} a_i x^i$$

$$= \sum_{i=0}^{\infty} [f(x) - g(x)] a_i x^i$$

両辺を積分して，

$$\int_{-\infty}^{\infty} [f(x) - g(x)]^2 \, dx = \int_{-\infty}^{\infty} \sum_{i=0}^{\infty} [f(x) - g(x)] a_i x^i dx$$

$$= \sum_{i=0}^{\infty} \int_{-\infty}^{\infty} [f(x) - g(x)] a_i x^i dx$$

$$= \sum_{i=0}^{\infty} a_i \int_{-\infty}^{\infty} [f(x) - g(x)] x^i dx$$

$$= \sum_{i=0}^{\infty} a_i \left[\int_{-\infty}^{\infty} f(x)x^i dx - \int_{-\infty}^{\infty} g(x)x^i dx \right]$$

ここで，$f(x)$ と $g(x)$ のモーメント母関数が等しいことから，各モーメントが等しくなるので，

$$\int_{-\infty}^{\infty} f(x)x^i dx = \int_{-\infty}^{\infty} g(x)x^i dx \qquad (i = 0, 1, \cdots)$$

したがって，

$$\int_{-\infty}^{\infty} [f(x) - g(x)]^2 dx = 0$$

よって，$f(x) = g(x)$ となり，2 つの確率密度関数は一致する。∎

性質 2

独立な確率変数 X, Y のモーメント母関数がそれぞれ $M_X(t), M_Y(t)$ とすると，その和 $X + Y$ のモーメント母関数は，

$$M_{X+Y}(t) = M_X(t)M_Y(t)$$

証明　$M_{X+Y}(t) = E\left(e^{t(X+Y)}\right)$

$\qquad\qquad\quad = E(e^{tX}e^{tY})$

$\qquad\qquad\quad = E(e^{tX})E(e^{tY}) \qquad (\because X, Y \text{ は独立})$

$\qquad\qquad\quad = M_X(t)M_Y(t)$ ∎

つぎに，これらの性質を用いて再生性を証明する。

正規分布に従う独立な確率変数 $X \sim N(\mu_X, \sigma_X{}^2)$, $Y \sim N(\mu_Y, \sigma_Y{}^2)$ のモーメント母関数は，それぞれ，

$$M_X(t) = e^{\mu_X t + \frac{\sigma_X{}^2 t^2}{2}}, \quad M_Y(t) = e^{\mu_Y t + \frac{\sigma_Y{}^2 t^2}{2}}$$

となる。したがって，和 $X + Y$ のモーメント母関数は，

$M_{X+Y}(t) = M_X(t)M_Y(t)$

$\qquad\qquad = e^{\mu_X t + \frac{\sigma_X{}^2 t^2}{2}} e^{\mu_Y t + \frac{\sigma_Y{}^2 t^2}{2}}$

$\qquad\qquad = e^{(\mu_X + \mu_Y)t + \frac{(\sigma_X{}^2 + \sigma_Y{}^2)t^2}{2}}$

これは $N(\mu_X + \mu_Y, \sigma_X{}^2 + \sigma_Y{}^2)$ のモーメント母関数であり，

$$X + Y \sim N(\mu_X + \mu_Y, \sigma_X{}^2 + \sigma_Y{}^2)$$

となる。∎

4.2.5 指数分布のモーメント母関数

物理現象によく現れる関数に指数関数がある．これを確率密度関数にもつ分布を**指数分布** (exponential distribution) と呼ぶ．指数分布の定義は，$\lambda > 0$ として，確率密度関数が，

$$f(x) = \begin{cases} \lambda e^{-\lambda x} & (x \geqq 0) \\ 0 & (x < 0) \end{cases}$$

で表される．この指数分布の平均と分散をモーメント母関数から計算してみる．

$$
\begin{aligned}
M(t) = E(e^{tX}) &= \int_{-\infty}^{\infty} e^{tx} f(x) dx \\
&= \int_{0}^{\infty} e^{tx} \lambda e^{-\lambda x} dx \\
&= \lambda \int_{0}^{\infty} e^{tx - \lambda x} dx \\
&= \lambda \int_{0}^{\infty} e^{(t-\lambda)x} dx \\
&= \left[\frac{\lambda}{t-\lambda} e^{(t-\lambda)x} \right]_{0}^{\infty} \\
&= \lim_{x \to \infty} \frac{\lambda}{t-\lambda} e^{(t-\lambda)x} - \frac{\lambda}{t-\lambda}
\end{aligned}
$$

ここで，$t - \lambda < 0$ と仮定すると，右辺第 1 項の極限が存在し 0 となる．モーメント母関数の $t = 0$ での値を求めるため，この仮定で問題はない．したがって，モーメント母関数は，

$$M(t) = -\frac{\lambda}{t-\lambda} \quad (\text{ただし，} t < \lambda)$$

となる．これを微分して，

$$M'(t) = \frac{\lambda}{(t-\lambda)^2}$$

$t = 0$ を代入して，期待値は，

$$M'(0) = \mu = \frac{\lambda}{(0-\lambda)^2} = \frac{1}{\lambda}$$

さらに t で微分して,

$$M'(t) = -\frac{2\lambda(t-\lambda)}{(t-\lambda)^4} = -\frac{2\lambda}{(t-\lambda)^3}$$

$t = 0$ を代入すると,

$$M''(0) = \frac{2}{\lambda^2}$$

となる. よって, 分散は,

$$\sigma^2 = M''(0) - M'(0)^2 = \frac{2}{\lambda^2} - \left(\frac{1}{\lambda}\right)^2 = \frac{1}{\lambda^2}$$

指数分布

$$f(x) = \begin{cases} \lambda e^{-\lambda x} & (x \geqq 0) \\ 0 & (x < 0) \end{cases}$$

ただし, 平均 (期待値) $= \dfrac{1}{\lambda}$, 分散 $= \dfrac{1}{\lambda^2}$

指数関数の累積分布関数は,

$$F(x) = \int_0^x \lambda e^{-\lambda t} dt = \left[-e^{-\lambda t}\right]_0^x = 1 - e^{-\lambda x}$$

となる.

4.2.6 二項分布とポアソン分布の再生性

ここで代表的な離散型分布の再生性について調べておく. 二項分布のモーメント母関数は,

$$M(t) = E(e^{tX})$$

$$= \sum_{k=0}^n e^{tk} P(X = k)$$

$$= \sum_{k=0}^n e^{tk} {}_n\mathrm{C}_k\, p^k (1-p)^{n-k}$$

$$= \sum_{k=0}^{n} {}_n C_k (e^t p)^k (1-p)^{n-k}$$

$$= (pe^t + 1 - p)^n$$

となる. ここで, 二項分布に従う独立な確率変数を $X \sim Bin(m,p)$, $Y \sim Bin(n,p)$ とすると,

$$M_{X+Y}(t) = M_X(t)M_Y(t)$$

$$= (pe^t + 1 - p)^m (pe^t + 1 - p)^n$$

$$= (pe^t + 1 - p)^{m+n}$$

となり, $X + Y \sim Bin(m+n, p)$ である. ただし. これからもわかるように, 生起確率 p が異なる場合には再生性は成り立たない.

つぎに, ポアソン分布のモーメント母関数を求める.

$$M(t) = E(e^{tX})$$

$$= \sum_{k=0}^{\infty} e^{tk} P(X=k)$$

$$= \sum_{k=0}^{\infty} e^{tk} e^{-\lambda} \frac{\lambda^k}{k!}$$

$$= e^{-\lambda} \sum_{k=0}^{\infty} \frac{(e^t \lambda)^k}{k!}$$

$$= e^{\lambda(e^t-1)} \qquad (\because e^x = \sum_{k=0}^{\infty} \frac{x^k}{k!} \quad \text{マクローリン展開})$$

これから, ポアソン分布に従う確率変数 $X \sim Po(m)$, $Y \sim Po(n)$ の和は,

$$M_{X+Y}(t) = M_X(t)M_Y(t)$$

$$= e^{m(e^t-1)} e^{n(e^t-1)}$$

$$= e^{(m+n)(e^t-1)}$$

となり, $X + Y \sim Po(m+n)$ と再生性が成り立つ.

4.3 大数の法則

独立な確率変数 $X_1, X_2, \cdots, X_n$ が，同一の期待値 μ をもち，有限な分散 $\sigma_i{}^2 \leqq \sigma^2$ $(i = 1, 2, \cdots, n)$ をもつとき，

$$\overline{X} = \frac{X_1 + X_2 + \cdots + X_n}{n}$$

とおけば，任意の $\epsilon > 0$ に対して，

$$\lim_{n \to \infty} P\left(\left|\overline{X} - \mu\right| \geqq \epsilon\right) = 0$$

が成り立つ．このとき，$\overline{X}$ が μ に **確率収束** (converge in probability) するという．これを，**大数の法則** (law of large numbers) という．

これを証明するには，チェビシェフの不等式を示しておく必要がある．

── チェビシェフの不等式 ──

いかなる確率変数 X についても，任意の $\epsilon > 0$ に対して

$$P(|X - E(X)| \geqq \epsilon) \leqq \frac{V(X)}{\epsilon^2}$$

[証明] 確率変数 X の確率密度関数を $f(x)$ とすると，

$$V(x) = \int_{-\infty}^{\infty} (x - \mu)^2 f(x) dx$$

$$\geqq \int_{-\infty}^{\mu-\epsilon} (x - \mu)^2 f(x) dx + \int_{\mu+\epsilon}^{\infty} (x - \mu)^2 f(x) dx$$

$$\geqq \int_{-\infty}^{\mu-\epsilon} \epsilon^2 f(x) dx + \int_{\mu+\epsilon}^{\infty} \epsilon^2 f(x) dx$$

$$= \epsilon^2 \left(\int_{-\infty}^{\mu-\epsilon} f(x) dx + \int_{\mu+\epsilon}^{\infty} f(x) dx \right)$$

$$= \epsilon^2 \left(P(X \leqq \mu - \epsilon) + P(X \geqq \mu + \epsilon) \right)$$

したがって，$P(|X - \mu| \geqq \epsilon) \leqq \dfrac{V(X)}{\epsilon^2}$

これを使って，大数の法則を証明する．

確率変数の独立性より，

$$\overline{X} = \frac{X_1 + X_2 + \cdots + X_n}{n}$$

のとき，

$$E(\overline{X}) = \frac{1}{n}(E(X_1) + E(X_2) + \cdots + E(X_n)) = \mu$$

$$V(\overline{X}) = \frac{1}{n^2}(V(X_1) + V(X_2) + \cdots + V(X_n)) \leqq \frac{n\sigma^2}{n^2} = \frac{\sigma^2}{n}$$

チェビシェフの不等式より，

$$P(|\overline{X} - E(\overline{X})| \geqq \epsilon) \leqq \frac{V(\overline{X})}{\epsilon^2}$$

$$P(|\overline{X} - \mu| \geqq \epsilon) \leqq \frac{\sigma^2}{n\epsilon^2}$$

ゆえに，

$$\lim_{n \to \infty} P(|\overline{X} - \mu| \geqq \epsilon) = 0$$

4.4　中心極限定理

独立な確率変数 $X_1, X_2, \cdots, X_n$ が平均 μ，分散 σ^2 の同一な確率分布に従うとき，

$$\overline{X} = \frac{X_1 + X_2 + \cdots + X_n}{n}$$

は，$n \to \infty$ のとき，$N\left(\mu, \dfrac{\sigma^2}{n}\right)$ に従う．これを**中心極限定理** (central limit theorem) という．

証明 まず，$\overline{X}$ のモーメント母関数 $M_{\overline{X}}(t)$ を X_i のモーメント母関数 $M(t)$ で表現する．

確率変数 $X_1, X_2, \cdots, X_n$ は独立で同一の確率分布に従うので，各確率変数のモーメント母関数も同一となる．したがって，

$$M_{\overline{X}}(t) = E(e^{t\overline{X}})$$

$$= E\left(e^{t\frac{X_1 + X_2 + \cdots + X_n}{n}}\right)$$

$$= E\left(e^{\frac{t}{n}X_1}\right) \cdot E\left(e^{\frac{t}{n}X_2}\right) \cdots E\left(e^{\frac{t}{n}X_n}\right)$$

$$= \left\{M\left(\frac{t}{n}\right)\right\}^n$$

両辺の対数をとると，

$$\ln M_{\overline{X}}(t) = n \ln M\left(\frac{t}{n}\right)$$

ここで，$M\left(\dfrac{t}{n}\right)$ を $e^{\frac{t}{n}X}$ の級数展開で表すと，

$$M\left(\frac{t}{n}\right) = E\left(e^{\frac{t}{n}X}\right)$$

$$= E\left(1 + \frac{t}{n}X + \frac{1}{2}\left(\frac{t}{n}X\right)^2 + \frac{1}{3!}\left(\frac{t}{n}X\right)^3 + \cdots\right)$$

$$= 1 + \frac{t}{n}E(X) + \frac{1}{2}\left(\frac{t}{n}\right)^2 E(X^2) + \frac{1}{3!}\left(\frac{t}{n}\right)^3 E(X^3) + \cdots$$

ここで，大きな n をとってくれば，$M\left(\dfrac{t}{n}\right)$ が 1 に近づくため，対数関数の級数展開を用いることができ，

$$\ln M_{\overline{X}}(t) = n \ln M\left(\frac{t}{n}\right)$$

$$= n \ln \left\{ 1 + \frac{t}{n}x + \frac{1}{2}\left(\frac{t}{n}x\right)^2 + \frac{1}{3!}\left(\frac{t}{n}x\right)^3 + \cdots \right\}$$

$$= n \left\{ \left(\frac{t}{n}E(X) + \frac{1}{2}\left(\frac{t}{n}\right)^2 E(X^2) + \frac{1}{3!}\left(\frac{t}{n}\right)^3 E(X^3) + \cdots \right) \right.$$

$$- \frac{1}{2}\left(\frac{t}{n}E(X) + \frac{1}{2}\left(\frac{t}{n}\right)^2 E(X^2) + \frac{1}{3!}\left(\frac{t}{n}\right)^3 E(X^3) + \cdots \right)^2$$

$$\left. + \frac{1}{3}\left(\frac{t}{n}E(X) + \frac{1}{2}\left(\frac{t}{n}\right)^2 E(X^2) + \frac{1}{3!}\left(\frac{t}{n}\right)^3 E(X^3) + \cdots \right)^3 - \cdots \right\}$$

$$= tE(X) + \frac{t^2}{2n}E(X^2) + \frac{t^3}{6n^2}E(X^3) + \cdots$$

$$- \frac{1}{2}\left(\frac{t^2}{n}E(X)^2 + \frac{t^3}{2n^2}E(X)E(X^3) + \cdots \right)$$

$$+ \frac{1}{3}\left(\frac{t^3}{n^2}E(X)^3 + \cdots \right) \cdots$$

$$= tE(X) + \frac{t^2}{2n}\left(E(X^2) - E(X)^2 \right) + \cdots$$

$$= t\mu + \frac{t^2}{2n}\sigma^2 + \cdots$$

$$\fallingdotseq t\mu + \frac{t^2}{2n}\sigma^2 \quad (n \to \infty)$$

$-1 < x \leq 1$ となる x に対して次式が成り立つ.

$$\ln(1+x) = x - \frac{1}{2}x^2 + \frac{1}{3}x^3 - \frac{1}{4}x^4 + \cdots$$

$$= \sum_{n=1}^{\infty} \frac{(-1)^{n-1}}{n}x^n$$

したがって,$\overline{X}$ のモーメント母関数は,

$$M_{\overline{X}}(t) = e^{t\mu + \frac{t^2\sigma^2}{2n}}$$

これは,正規分布 $N\left(\mu, \dfrac{\sigma^2}{n}\right)$ のモーメント母関数と一致する.したがって,確率変数 $\overline{X}$ は $n \to \infty$ で正規分布 $N\left(\mu, \dfrac{\sigma^2}{n}\right)$ に従う.

ここで,$Z = \dfrac{\overline{X} - \mu}{\dfrac{\sigma}{\sqrt{n}}}$ で変数変換すれば,

$$E(Z) = E\left(\frac{\sqrt{n}}{\sigma}\overline{X} - \frac{\mu\sqrt{n}}{\sigma}\right)$$

$$= \frac{\sqrt{n}}{\sigma}\underbrace{E(\overline{X})}_{\mu} - \frac{\mu\sqrt{n}}{\sigma} = 0$$

$$V(Z) = V\left(\frac{\sqrt{n}}{\sigma}\overline{X} - \frac{\mu\sqrt{n}}{\sigma}\right)$$

$$= \left(\frac{\sqrt{n}}{\sigma}\right)^2 V(\overline{X})$$

$$= \frac{n}{\sigma^2} \cdot \frac{\sigma^2}{n} = 1$$

確率変数 Z は標準正規分布 $N(0,1)$ に従う.

◇◆問題 4 ◆◇

4.1 ある測定値は平均 8，分散 4 の正規分布に従っている．3 回独立に測定して，1 回目が 12 以下，2 回目が 10 以上，3 回目が 14 以下である確率を求めよ．また，3 回の測定値の平均が 10 以下である確率を求めよ．

4.2 ある大会社の 2000 人の従業員の IQ (知能指数) は，平均 120，標準偏差 20 の正規分布で近似できる．ある特定の作業は IQ 100 以上であればおこなうことができ，IQ 130 以上であれば，少々退屈で効率が悪くなるようである．次の問いに答えよ．

(1) この作業に向いている従業員は何人か．

(2) この作業をおこなうことができるが，効率が悪くなる従業員は何人か．

4.3 確率変数 X が正規分布 $N(15, 25)$ に従い，$P(-\infty < X < a) = 0.9$ となるとき a を求めよ．

4.4 確率変数 X は正規分布 $N(\mu, 36)$ に従い，$P(20 < X < \infty) = 0.5$ となるとき μ を求めよ．

4.5 確率変数 X のモーメント母関数が $\exp\left(5t + \dfrac{25}{2}t^2\right)$ のとき，$P(4 < X < 9)$ を求めよ．(ヒント: 4.2.3 節の正規分布のモーメント母関数と 4.2.4 節の**性質 1** を参照)

5

χ^2 分布・t 分布・F 分布

5.1 χ^2 分布

分散の計算に現れる次のような，確率変数の 2 乗和の式

$$\frac{1}{\sigma^2}\{(x_1 - \mu)^2 + (x_2 - \mu)^2 + \cdots + (x_n - \mu)^2\}$$

を考えたとき，どのような分布に従うだろうか．このとき，各 x_i が正規分布に従うならば，この値は $\boldsymbol{\chi^2}$ **分布** (chi-square distribushin) に従うことが知られている．

χ^2 分布

互いに独立な確率変数 $X_1, X_2, \cdots, X_n$ が $N(0,1)$ に従うとき，$X = X_1{}^2 + X_2{}^2 + \cdots + X_n{}^2$ は自由度 n の χ^2 分布に従う．

$$f(x) = \begin{cases} \dfrac{1}{2^{\frac{n}{2}} \Gamma\left(\dfrac{n}{2}\right)} x^{\frac{n}{2}-1} e^{-\frac{x}{2}} & (x \geqq 0) \\ 0 & (x < 0) \end{cases}$$

ここで，ガンマ関数 $\Gamma(z)$ の定義と性質について述べる．

ガンマ関数の定義

$$\Gamma(z) = \int_0^\infty t^{z-1} e^{-t} dt \quad (z > 0)$$

ガンマ関数には次のような性質がある．

$$\Gamma(1) = \int_0^\infty t^0 e^{-t} dt$$

$$= \left[-e^{-t}\right]_0^\infty$$

$$= 1$$

$$\Gamma\left(\frac{1}{2}\right) = \int_0^\infty t^{-\frac{1}{2}} e^{-t} dt$$

$t = x^2$ とおくと

$$= \int_0^\infty x^{-1} e^{-x^2} 2x\, dx$$

$$= 2 \int_0^\infty e^{-x^2} dx$$

$$= \sqrt{\pi} \qquad \left(\int_{-\infty}^\infty e^{-x^2} dx = \sqrt{\pi} \, \text{より} \right)$$

$$\Gamma(z+1) = \int_0^\infty t^z e^{-t} dt$$

$$= \left[t^z (-e^{-t}) \right]_0^\infty - \int_0^\infty z t^{z-1} (-e^{-t}) dt$$

$$= z \int_0^\infty t^{z-1} e^{-t} dt$$

$$= z\Gamma(z)$$

この漸化式の性質から，z が整数ならば

$$\Gamma(z) = (z-1)(z-2)\cdots 2 \cdot 1 \cdot \Gamma(1) = (z-1)!$$

z が整数 $+\dfrac{1}{2}$ ならば

$$\Gamma(z) = (z-1)(z-2)\cdots \frac{3}{2} \cdot \frac{1}{2} \cdot \Gamma\left(\frac{1}{2}\right)$$

$$= (z-1)(z-2)\cdots \frac{3}{2} \cdot \frac{1}{2} \cdot \sqrt{\pi}$$

$$\Gamma\left(\frac{1}{2}\right) = \sqrt{\pi}, \quad \Gamma(1) = 1$$

$$\Gamma(n) = (n-1)\Gamma(n-1) \quad (n > 1)$$

つぎに，ガンマ関数と共によく使われるベータ関数について述べる．

ベータ関数の定義

$$B(m, n) = \int_0^1 t^{m-1}(1-t)^{n-1}dt \quad (m, n > 0)$$

ベータ関数はガンマ関数で表すと次のようになる．

$$B(m, n) = \frac{\Gamma(m)\Gamma(n)}{\Gamma(m+n)}$$

少々面倒であるが，これを導出しておく．

$$\Gamma(m)\Gamma(n) = \int_0^\infty t^{m-1}e^{-t}dt \int_0^\infty u^{n-1}e^{-u}du$$

ここで，$t = x^2, u = y^2$ という変数変換をおこなうと

$$= \int_0^\infty x^{2m-2}e^{-x^2}2xdx \int_0^\infty y^{2n-2}e^{-y^2}2y\,dy$$

$$= 4\int_0^\infty \int_0^\infty x^{2m-1}y^{2n-1}e^{-(x^2+y^2)}dxdy$$

ここで，$x = r\cos\theta, y = r\sin\theta$ とおけば，$r : 0 \to \infty$, $\theta : 0 \to \dfrac{\pi}{2}$, $dxdy = r\,drd\theta$ となり，

$$= 4\int_0^{\frac{\pi}{2}} \int_0^\infty r^{2m-1}\cos^{2m-1}\theta\, r^{2n-1}\sin^{2n-1}\theta e^{-r^2} r\,drd\theta$$

$$= 4\int_0^\infty r^{2(m+n)-1}e^{-r^2}dr \int_0^{\frac{\pi}{2}} \cos^{2m-1}\theta \sin^{2n-1}\theta\,d\theta$$

右辺1番目の積分項は，$r^2 = t$ とおくと，$2r\,dr = dt$ となり，

$$\int_0^\infty r^{2(m+n)-1}e^{-r^2}dr = \int_0^\infty t^{m+n}r^{-1}e^{-t}\frac{1}{2r}dt$$

$$= \frac{1}{2} \int_0^\infty t^{(m+n)-1} e^{-t} dt$$

右辺 2 番目の積分項は，$\cos^2 \theta = x$ とおくと，$-2\cos\theta\sin\theta\,d\theta = dx$，$\theta : 0 \to \dfrac{\pi}{2}$ で $x : 1 \to 0$ となり，

$$\int_0^{\frac{\pi}{2}} \cos^{2m-1}\theta \sin^{2n-1}\theta\,d\theta = \int_1^0 \frac{x^m}{\cos\theta}\frac{(1-x)^n}{\sin\theta}\left(-\frac{1}{2}\right)\frac{1}{\cos\theta\sin\theta}dx$$

$$= \frac{1}{2}\int_0^1 x^{m-1}(1-x)^{n-1}dx$$

これから，

$$\Gamma(m)\Gamma(n) = 4 \cdot \frac{1}{2}\int_0^\infty t^{(m+n)-1}e^{-t}dt \cdot \frac{1}{2}\int_0^1 x^{m-1}(1-x)^{n-1}dx$$

$$= \Gamma(m+n)B(m,n)$$

したがって，

$$B(m,n) = \frac{\Gamma(m)\Gamma(n)}{\Gamma(m+n)}$$

この式が示すように，ガンマ関数とベータ関数は密接に関係していることがわかる．

ベータ関数とガンマ関数の関係

$$B(m,n) = \frac{\Gamma(m)\Gamma(n)}{\Gamma(m+n)}$$

5.1.1 χ^2 分布の確率密度関数の導出

いきなり確率変数の個数が n 個の場合を求めるのは難しいので，帰納的に求めることにする．

■ $n = 1$ の場合 ■

確率変数 X_1 は，$N(0,1)$ に従うので，確率密度関数は

$$f(x_1) = \frac{1}{\sqrt{2\pi}}e^{-\frac{x_1^2}{2}}$$

$X = {X_1}^2$ より，$x_1 \geqq 0$ ($f(x_1)$ は偶関数となるので) として，$x_1 = \sqrt{x}$ から，$dx_1 = \dfrac{1}{2\sqrt{x}}dx$ となる．したがって，

$$\int_{-\infty}^{\infty} f(x)dx = \int_{-\infty}^{\infty} f(x_1)\frac{dx_1}{dx}dx$$

$$= 2\int_{0}^{\infty} f(\sqrt{x})\frac{1}{2\sqrt{x}}dx$$

$$= \int_{0}^{\infty} \frac{1}{\sqrt{2\pi}}x^{-\frac{1}{2}}e^{-\frac{x}{2}}dx$$

これから，確率密度関数は，

$$f(x) = \frac{1}{\sqrt{2\pi}}x^{-\frac{1}{2}}e^{-\frac{x}{2}}$$

$$= \frac{1}{2^{\frac{1}{2}}\,\Gamma\left(\dfrac{1}{2}\right)}x^{\frac{1}{2}-1}e^{-\frac{x}{2}}$$

▌$n = 2$ の場合▐

次に ${X_1}^2 + {X_2}^2$ が自由度 2 の χ^2 分布に従うことを示す．

ここで，独立な 2 つの確率変数 X_1, X_2 が，同時確率密度関数 $f_{X_1 X_2}(x_1, x_2)$ に従うとき，

$$f_{X_1 X_2}(x_1, x_2) = f_{X_1}(x_1)f_{X_2}(x_2)$$

とそれぞれが従う確率密度関数の積で表される．

ここで，新しい確率変数を $Y = X_1 + X_2$ としたとき，確率密度関数 $f_Y(y)$ を次のように求める．

まず，y での確率密度は，$y\,(=x_1 + x_2)$ 一定の条件下での確率の和で表されるため，次の積分で表現できる．

$$f_Y(y) = \int_{-\infty}^{\infty} f_{X_1}(x_1)f_{X_2}(y - x_1)dx_1$$

$$= \int_{-\infty}^{\infty} f_{X_1}(y - x_2)f_{X_2}(x_2)dx_2$$

この右辺を 2 つの関数 $f_{X_1}(x_1), f_{X_2}(x_2)$ の**たたみ込み積分** (convolution integral) という.

そこで，次のようにして $X = {X_1}^2 + {X_2}^2 = Y_1 + Y_2$ $(Y_1, Y_2 \geqq 0)$ の確率密度を求める.

自由度 1 の χ^2 分布を $f_1(x)$ としたとき，自由度 2 の χ^2 分布 $f_2(x)$ は，$0 \leqq y_1 \leqq x$ $(y_2 = x - y_1 \geqq 0$ より$)$ を積分区間として，たたみ込み積分で求めることができる.

$$
\begin{aligned}
f_2(x) &= \int_0^x f_1(y_1) f_1(x - y_1) dy_1 \\
&= \int_0^x \frac{1}{\sqrt{2\pi}} y_1^{-\frac{1}{2}} e^{-\frac{y_1}{2}} \frac{1}{\sqrt{2\pi}} (x - y_1)^{-\frac{1}{2}} e^{-\frac{x - y_1}{2}} dy_1 \\
&= \frac{1}{2\pi} e^{-\frac{x}{2}} \int_0^x y_1^{-\frac{1}{2}} (x - y_1)^{-\frac{1}{2}} dy_1 \\
&= \frac{1}{2\pi} e^{-\frac{x}{2}} \left[\cos^{-1} \left(\frac{x - 2y_1}{x} \right) \right]_0^x \\
&= \frac{1}{2} e^{-\frac{x}{2}} \\
&= \frac{1}{2^{\frac{2}{2}} \Gamma\left(\dfrac{2}{2} \right)} x^{\frac{2}{2} - 1} e^{-\frac{x}{2}}
\end{aligned}
$$

▌$n = 2k + 1$ の場合▐

$n = 2k - 1$ で，$f_{2k-1}(x) = \dfrac{1}{2^{\frac{2k-1}{2}} \Gamma\left(\dfrac{2k-1}{2} \right)} x^{\frac{2k-1}{2} - 1} e^{-\frac{x}{2}}$ が成り立つ

として，$n = 2k + 1$ で成り立つことを示す.

$$
\begin{aligned}
f_{2k+1}(x) &= \int_0^x f_{2k-1}(y) f_2(x - y) dy \\
&= \int_0^x \frac{1}{2^{\frac{2k-1}{2}} \Gamma\left(\dfrac{2k-1}{2} \right)} y^{\frac{2k-1}{2} - 1} e^{-\frac{y}{2}} \frac{1}{2} e^{-\frac{x-y}{2}} dy
\end{aligned}
$$

$$= \frac{1}{2^{\frac{2k+1}{2}} \Gamma\left(\frac{2k-1}{2}\right)} e^{-\frac{x}{2}} \int_0^x y^{\frac{2k-1}{2}-1} dy$$

$$= \frac{1}{2^{\frac{2k+1}{2}} \Gamma\left(\frac{2k-1}{2}\right)} e^{-\frac{x}{2}} \left[\frac{1}{\frac{2k-1}{2}} y^{\frac{2k-1}{2}} \right]_0^x$$

$$= \frac{1}{2^{\frac{2k+1}{2}} \Gamma\left(\frac{2k+1}{2}\right)} x^{\frac{2k-1}{2}} e^{-\frac{x}{2}}$$

$$= \frac{1}{2^{\frac{2k+1}{2}} \Gamma\left(\frac{2k+1}{2}\right)} x^{\frac{2k+1}{2}-1} e^{-\frac{x}{2}}$$

となり，全ての奇数番目で成り立つことがいえる.

▌$n = 2k + 2$ の場合▐

$n = 2k$ で，$f_{2k}(x) = \frac{1}{2^k \Gamma(k)} x^{k-1} e^{-\frac{x}{2}}$ が成り立つとして，$n = 2k + 2$ で成り立つことを示す.

$$f_{2k+2}(x) = \int_0^x f_{2k}(y) f_2(x - y) dy$$

$$= \int_0^x \frac{1}{2^k \Gamma(k)} y^{k-1} e^{-\frac{y}{2}} \frac{1}{2} e^{-\frac{x-y}{2}} dy$$

$$= \frac{1}{2^{k+1} \Gamma(k)} e^{-\frac{x}{2}} \int_0^x y^{k-1} dy$$

$$= \frac{1}{2^{k+1} \Gamma(k)} e^{-\frac{x}{2}} \left[\frac{1}{k} y^k \right]_0^x$$

$$= \frac{1}{2^{k+1} \Gamma(k+1)} x^k e^{-\frac{x}{2}}$$

$$= \frac{1}{2^{\frac{2k+2}{2}} \Gamma\left(\frac{2k+2}{2}\right)} x^{\frac{2k+2}{2}-1} e^{-\frac{x}{2}}$$

となり，全ての偶数番目で成り立つことがいえる.

これらのことから，自由度 n の χ^2 分布が，

$$f(x) = \begin{cases} \dfrac{1}{2^{\frac{n}{2}}\,\Gamma\!\left(\dfrac{n}{2}\right)}x^{\frac{n}{2}-1}e^{-\frac{x}{2}} & (x \geqq 0) \\ 0 & (x < 0) \end{cases}$$

であることを示すことができた.

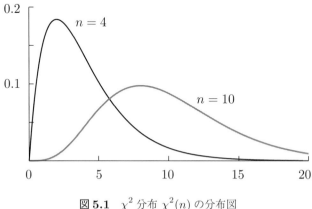

図 5.1 χ^2 分布 $\chi^2(n)$ の分布図

5.1.2　χ^2 分布の平均と分散

自由度 n の χ^2 分布 $\chi^2(n)$ の平均と分散を求める.

▌平均の計算▌

$$\begin{aligned} E(X) &= \int_0^\infty x\frac{1}{2^{\frac{n}{2}}\,\Gamma\!\left(\dfrac{n}{2}\right)}x^{\frac{n}{2}-1}e^{-\frac{x}{2}}\,dx \\ &= \frac{1}{2^{\frac{n}{2}}\,\Gamma\!\left(\dfrac{n}{2}\right)}\int_0^\infty x^{\frac{n}{2}}e^{-\frac{x}{2}}\,dx \\ &= \frac{1}{2^{\frac{n}{2}}\,\Gamma\!\left(\dfrac{n}{2}\right)}\int_0^\infty (2t)^{\frac{n}{2}}e^{-t}2\,dt \quad \left(\frac{x}{2}=t \text{ と変換}\right) \end{aligned}$$

$$= \frac{2}{\Gamma\left(\dfrac{n}{2}\right)} \int_0^\infty t^{\left(\frac{n}{2}+1\right)-1} e^{-t} dt$$

$$= \frac{2}{\Gamma\left(\dfrac{n}{2}\right)} \Gamma\left(\frac{n}{2}+1\right)$$

$$= \frac{2}{\Gamma\left(\dfrac{n}{2}\right)} \frac{n}{2} \Gamma\left(\frac{n}{2}\right) = n$$

■ 分散の計算 ■

$$V(X) = E(X^2) - E(X)^2$$

$$E(X^2) = \int_0^\infty x^2 \frac{1}{2^{\frac{n}{2}} \Gamma\left(\dfrac{n}{2}\right)} x^{\frac{n}{2}-1} e^{-\frac{x}{2}} dx$$

$$= \frac{1}{2^{\frac{n}{2}} \Gamma\left(\dfrac{n}{2}\right)} \int_0^\infty x^{\frac{n}{2}+1} e^{-\frac{x}{2}} dx$$

$$= \frac{1}{2^{\frac{n}{2}} \Gamma\left(\dfrac{n}{2}\right)} \int_0^\infty (2t)^{\frac{n}{2}+1} e^{-t} 2\, dt \quad \left(\frac{x}{2} = t \ \text{と変換}\right)$$

$$= \frac{2^2}{\Gamma\left(\dfrac{n}{2}\right)} \int_0^\infty t^{\left(\frac{n}{2}+2\right)-1} e^{-t} dt$$

$$= \frac{2^2}{\Gamma\left(\dfrac{n}{2}\right)} \Gamma\left(\frac{n}{2}+2\right)$$

$$= \frac{2^2}{\Gamma\left(\dfrac{n}{2}\right)} \left(\frac{n}{2}+1\right) \frac{n}{2} \Gamma\left(\frac{n}{2}\right)$$

$$= n^2 + 2n$$

したがって,

$$V(X) = n^2 + 2n - n^2 = 2n$$

── χ^2 分布の平均・分散 ──────────

χ^2分布 $\chi^2(n)$ の平均 $\boldsymbol{\mu = n}$, 分散 $\boldsymbol{\sigma^2 = 2n}$

5.1.3 χ^2 分布の再生性

正規分布と同様に χ^2 分布も再生性が成り立つことを示しておく. 独立な確率変数 X, Y がそれぞれ自由度 m, n の χ^2 分布に従うとき, $Z = X + Y$ が自由度 $m + n$ の χ^2 分布に従うことを示す.

[証明]　これは, たたみ込みを用いて,

$$f_Z(z) = \int_0^z f_X(z-y)f_Y(y)dy \qquad (\because z - y \geqq 0)$$

$$= \int_0^z \frac{1}{2^{\frac{m}{2}}\Gamma\left(\frac{m}{2}\right)}(z-y)^{\frac{m}{2}-1}e^{-\frac{z-y}{2}}\frac{1}{2^{\frac{n}{2}}\Gamma\left(\frac{n}{2}\right)}y^{\frac{n}{2}-1}e^{-\frac{y}{2}}dy$$

$$= \frac{1}{2^{\frac{m+n}{2}}\Gamma\left(\frac{m}{2}\right)\Gamma\left(\frac{n}{2}\right)}e^{-\frac{z}{2}}\int_0^z (z-y)^{\frac{m}{2}-1}y^{\frac{n}{2}-1}dy$$

ここで, $t = \dfrac{y}{z}$ とおくと, $dt = \dfrac{1}{z}dy$ となり, $y : 0 \to z$ のとき, $t : 0 \to 1$ なので,

$$f_Z(z) = \frac{1}{2^{\frac{m+n}{2}}\Gamma\left(\frac{m}{2}\right)\Gamma\left(\frac{n}{2}\right)}e^{-\frac{z}{2}}z^{\frac{m+n}{2}-1}\int_0^1 (1-t)^{\frac{m}{2}-1}t^{\frac{n}{2}-1}dt$$

$$= \frac{1}{2^{\frac{m+n}{2}}\Gamma\left(\frac{m}{2}\right)\Gamma\left(\frac{n}{2}\right)}e^{-\frac{z}{2}}z^{\frac{m+n}{2}-1}B\left(\frac{m}{2},\frac{n}{2}\right)$$

$$= \frac{1}{2^{\frac{m+n}{2}}\Gamma\left(\frac{m+n}{2}\right)}e^{-\frac{z}{2}}z^{\frac{m+n}{2}-1}$$

よって, 自由度 $m + n$ の χ^2 分布に従うことが示された.　　　　▌

χ^2 分布の再生性は, モーメント母関数を用いるともっと容易に示すことができるので, つぎに示す.

まず, 自由度 n の χ^2 分布のモーメント母関数は,

$$M(t) = E(e^{tX}) = \int_{-\infty}^{\infty} e^{tx}f(x)dx$$

$$= \frac{1}{2^{\frac{n}{2}} \Gamma\left(\frac{n}{2}\right)} \int_0^\infty e^{tx} x^{\frac{n}{2}-1} e^{-\frac{x}{2}} dx$$

$$= \frac{1}{2^{\frac{n}{2}} \Gamma\left(\frac{n}{2}\right)} \int_0^\infty x^{\frac{n}{2}-1} e^{-\left(\frac{1}{2}-t\right)x} dx$$

ここで，$z = \left(\frac{1}{2} - t\right) x$ とおくと，

$$dz = \left(\frac{1}{2} - t\right) dx$$

積分が存在するとき，$\frac{1}{2} - t > 0$ なので，$x : 0 \to \infty$ のとき，$z : 0 \to \infty$ となる．よって，

$$M(t) = \frac{1}{2^{\frac{n}{2}} \Gamma\left(\frac{n}{2}\right) \left(\frac{1}{2} - t\right)^{\frac{n}{2}}} \underbrace{\int_0^\infty z^{\frac{n}{2}-1} e^{-z} dz}_{\Gamma\left(\frac{n}{2}\right)}$$

$$= (1 - 2t)^{-\frac{n}{2}}$$

となる．

次に，モーメント母関数を用いて独立な確率変数 $X \sim \chi^2(m)$, $Y \sim \chi^2(n)$ の和 $X + Y$ が自由度 $m + n$ の χ^2 分布に従うことを示す．

証明 $M_{X+Y}(t) = M_X(t) M_Y(t)$

$$= (1 - 2t)^{-\frac{m}{2}} (1 - 2t)^{-\frac{n}{2}}$$

$$= (1 - 2t)^{-\frac{m+n}{2}}$$

から，$X + Y \sim \chi^2(m+n)$ である．

練習 **5.1** 3次元空間の点 $(X = x, Y = y, Z = z)$ が選ばれて，原点との距離が1以下である確率を求めよ．ただし，X, Y, Z は標準正規分布に従うものとせよ．

[0.199]

練習 **5.2** ある都市の10週間の交通事故件数は，10, 8, 20, 7, 15, 11,

16, 5, 13, 6 であった. これらの度数は交通事故の原因が定常的なもので
あるという意見に適合しているか調べよ. ただし

$$\chi^2 = \sum_{i=1}^{n} \frac{(o_i - e_i)^2}{e_i}, \quad \text{自由度は } n - 1$$

の値が分布確率 95% 域を超えるかどうかで判定せよ. これを χ^2 検定と呼ぶ.
ここで, o_i と e_i はそれぞれ観測値と理論値である.

$$\left[\chi^2 > {\chi_{0.05}}^2(9) = 16.92\right]$$

5.2　t 分布

独立な確率変数 $X_1, X_2, \cdots, X_n$ が $N(\mu, \sigma^2)$ に従うとき, $\dfrac{\overline{X} - \mu}{\dfrac{\sigma}{\sqrt{n}}}$ は, $N(0, 1)$

に従う. ここで, 分散 σ^2 をこれによく似た

$$s^2 = \frac{1}{n-1} \sum_{i=1}^{n} (X_i - \overline{X})^2$$

で置き換えて, $\dfrac{\overline{X} - \mu}{\dfrac{s}{\sqrt{n}}}$ とすると, これは $N(0, 1)$ ではなく, **t 分布** (t-distribution)

に従う. ここで, s^2 を**不偏分散**と呼ぶ.

---

t 分布

　2 つの独立な確率変数 X, Y があり, X は $N(0, 1)$ に, Y は自由度 n の
χ^2 分布に従うとき, $T = \dfrac{X}{\sqrt{\dfrac{Y}{n}}}$ は自由度 n の t 分布に従う.

$$\text{確率密度関数 } f_n(x) = \frac{\varGamma\left(\dfrac{n+1}{2}\right)}{\sqrt{n\pi}\,\varGamma\left(\dfrac{n}{2}\right)} \left(1 + \frac{x^2}{n}\right)^{-\frac{n+1}{2}}$$

5.2.1　t 分布の確率密度関数の導出

確率変数 Y, Z が互いに独立で，Y が標準正規分布，Z が自由度 n の χ^2 分布に従うとき，その同時確率密度関数は，

$$f_{YZ}(y,z) = \frac{1}{\sqrt{2\pi}} e^{-\frac{y^2}{2}} \frac{1}{2^{\frac{n}{2}} \Gamma\left(\frac{n}{2}\right)} e^{-\frac{z}{2}} z^{\frac{n}{2}-1}, \ y \in (-\infty,\infty), \ z \in (0,\infty)$$

で表される．ここで，$x = \dfrac{y}{\sqrt{\dfrac{z}{n}}}, u = z$ と変数変換すると，

$$f_{XU}(x,u) = f_{YZ}(y(x,u),z(x,u)) \begin{vmatrix} \dfrac{\partial y}{\partial x} & \dfrac{\partial y}{\partial u} \\ \dfrac{\partial z}{\partial x} & \dfrac{\partial z}{\partial u} \end{vmatrix}$$

また，$y = x\sqrt{\dfrac{u}{n}}, z = u$ より，

$$\begin{vmatrix} \dfrac{\partial y}{\partial x} & \dfrac{\partial y}{\partial u} \\ \dfrac{\partial z}{\partial x} & \dfrac{\partial z}{\partial u} \end{vmatrix} = \begin{vmatrix} \sqrt{\dfrac{u}{n}} & \dfrac{x}{2\sqrt{nu}} \\ 0 & 1 \end{vmatrix} = \sqrt{\dfrac{u}{n}}$$

となるから，

$$f_{XU}(x,u) = \frac{1}{\sqrt{2\pi}} e^{-\frac{x^2 u}{2n}} \frac{1}{2^{\frac{n}{2}} \Gamma\left(\frac{n}{2}\right)} e^{-\frac{u}{2}} u^{\frac{n}{2}-1} \sqrt{\frac{u}{n}}$$

$$= \frac{1}{\sqrt{2\pi n}\, 2^{\frac{n}{2}} \Gamma\left(\frac{n}{2}\right)} e^{-\frac{u}{2}\left(1+\frac{x^2}{n}\right)} u^{\frac{n+1}{2}-1}$$

X の (周辺) 確率密度関数 $f(x)$ は，

$$f(x) = \int_0^\infty f_{XU}(x,u)du$$

$$= \int_0^\infty \frac{1}{\sqrt{2\pi n}\, 2^{\frac{n}{2}} \Gamma\left(\frac{n}{2}\right)} e^{-\frac{u}{2}\left(1+\frac{x^2}{n}\right)} u^{\frac{n+1}{2}-1}du$$

ここで, $s = \left(1 + \dfrac{x^2}{n}\right)\dfrac{u}{2}$ とおけば,

$$u = \frac{2s}{1 + \dfrac{x^2}{n}}, \ du = \frac{2}{1 + \dfrac{x^2}{n}}ds$$

となるので,

$$f(x) = \int_0^\infty \frac{1}{\sqrt{2\pi n}\,2^{\frac{n}{2}}\,\Gamma\left(\dfrac{n}{2}\right)}e^{-s}\left(\frac{2s}{1 + \dfrac{x^2}{n}}\right)^{\frac{n+1}{2}-1}\frac{2}{1 + \dfrac{x^2}{n}}ds$$

$$= \frac{1}{\sqrt{\pi n}\,\Gamma\left(\dfrac{n}{2}\right)}\left(1 + \frac{x^2}{n}\right)^{-\frac{n+1}{2}}\int_0^\infty e^{-s}s^{\frac{n+1}{2}-1}ds$$

$$= \frac{\Gamma\left(\dfrac{n+1}{2}\right)}{\sqrt{n\pi}\,\Gamma\left(\dfrac{n}{2}\right)}\left(1 + \frac{x^2}{n}\right)^{-\frac{n+1}{2}} \qquad (x \in (-\infty, \infty))$$

となる.

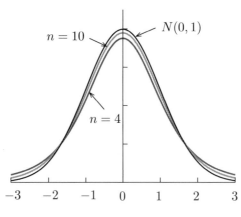

図 5.2 t 分布 $t(n)$ の分布図

5.2.2 t 分布の平均と分散

t 分布 $t(n)$ の平均と分散を求める.

▌平均の計算▐

全ての n に対して，t 分布の確率密度関数 $f_n(x)$ は偶関数 $(f_n(x) = f_n(-x))$ であるため，被積分関数 $xf_n(x)$ は奇関数 $(f_n(x) = -f_n(-x))$ となる．したがって，$(-\infty, \infty)$ の積分である平均値は 0 となる．

$$E(X) = \int_{-\infty}^{\infty} x \frac{\Gamma\left(\dfrac{n+1}{2}\right)}{\sqrt{n\pi}\Gamma\left(\dfrac{n}{2}\right)} \left(1 + \frac{x^2}{n}\right)^{-\frac{n+1}{2}} dx$$

$$= 0$$

▌分散の計算▐

$$V(X) = E(X^2) - E(X)^2$$

$$= \int_{-\infty}^{\infty} x^2 \frac{\Gamma\left(\dfrac{n+1}{2}\right)}{\sqrt{n\pi}\Gamma\left(\dfrac{n}{2}\right)} \left(1 + \frac{x^2}{n}\right)^{-\frac{n+1}{2}} dx$$

$$= \frac{\Gamma\left(\dfrac{n+1}{2}\right)}{\sqrt{n\pi}\Gamma\left(\dfrac{n}{2}\right)} \int_{-\infty}^{\infty} x^2 \left(1 + \frac{x^2}{n}\right)^{-\frac{n+1}{2}} dx$$

$$= \frac{\Gamma\left(\dfrac{n+1}{2}\right)}{\sqrt{n\pi}\Gamma\left(\dfrac{n}{2}\right)} \int_{0}^{\infty} x \left(1 + \frac{x^2}{n}\right)^{-\frac{n+1}{2}} 2x\,dx$$

ここで，$1 + \dfrac{x^2}{n} = \dfrac{1}{t}$ とおくと，

$$= \frac{\Gamma\left(\dfrac{n+1}{2}\right)}{\sqrt{n\pi}\Gamma\left(\dfrac{n}{2}\right)} \int_{1}^{0} x t^{\frac{n+1}{2}} \left(-\frac{n}{t^2}\right) dt$$

$$= \frac{n\sqrt{n}\Gamma\left(\dfrac{n+1}{2}\right)}{\sqrt{n\pi}\Gamma\left(\dfrac{n}{2}\right)} \int_{0}^{1} \sqrt{\frac{1-t}{t}} t^{\frac{n+1}{2}-2} dt$$

$$= \frac{n\Gamma\left(\dfrac{n+1}{2}\right)}{\sqrt{\pi}\,\Gamma\left(\dfrac{n}{2}\right)} \int_0^1 t^{\frac{n}{2}-2}(1-t)^{\frac{1}{2}}\,dt$$

$$= \frac{n\Gamma\left(\dfrac{n+1}{2}\right)}{\sqrt{\pi}\,\Gamma\left(\dfrac{n}{2}\right)} \int_0^1 t^{\left(\frac{n}{2}-1\right)-1}(1-t)^{\frac{3}{2}-1}\,dt$$

$$= \frac{n\Gamma\left(\dfrac{n+1}{2}\right)}{\sqrt{\pi}\,\Gamma\left(\dfrac{n}{2}\right)} B\left(\dfrac{n}{2}-1, \dfrac{3}{2}\right)$$

$$= \frac{n\Gamma\left(\dfrac{n+1}{2}\right)}{\sqrt{\pi}\left(\dfrac{n}{2}-1\right)\Gamma\left(\dfrac{n}{2}-1\right)} \frac{\Gamma\left(\dfrac{n}{2}-1\right)\Gamma\left(\dfrac{3}{2}\right)}{\Gamma\left(\dfrac{n+1}{2}\right)}$$

$$= \frac{n\Gamma\left(\dfrac{3}{2}\right)}{\sqrt{\pi}\left(\dfrac{n}{2}-1\right)}$$

$$= \frac{n\dfrac{\sqrt{\pi}}{2}}{\sqrt{\pi}\dfrac{n-2}{2}}$$

$$= \frac{n}{n-2}$$

── t 分布の平均・分散 ────────────────────

t 分布 $t(n)$ の平均 $\boldsymbol{\mu = 0}$, 分散 $\boldsymbol{\sigma^2 = \dfrac{n}{n-2}}$

　モーメント母関数が存在すれば，原点における微係数で平均，分散を容易に求めることができるが，t 分布にはモーメント母関数が存在しない．

練習 5.3 　自由度 n が $5, 10, 30, \infty$ のとき，t 分布 $t(n)$ の上側 5% 点を求め，標準正規分布の上側 5% 点と比較せよ．

5.2.3 t 分布と正規分布の関係

X を自由度 n の t 分布に従う確率変数としたとき，$n \to \infty$ ならば，確率密度関数 $f_n(x)$ は標準正規分布の確率密度関数に近づく．この性質は，次のように証明できる．

[証明]　t 分布の確率密度関数は，

$$f_n(x) = \frac{\Gamma\left(\dfrac{n+1}{2}\right)}{\sqrt{n\pi}\,\Gamma\left(\dfrac{n}{2}\right)} \left(1 + \frac{x^2}{n}\right)^{-\frac{n+1}{2}}$$

であり，右辺の 2 項目は $n \to \infty$ で，

$$\left(1 + \frac{x^2}{n}\right)^{-\frac{n+1}{2}} = \left[\left(1 + \frac{x^2}{n}\right)^n\right]^{-\frac{1}{2}} \left(1 + \frac{x^2}{n}\right)^{-\frac{1}{2}}$$

$$\to e^{-\frac{x^2}{2}} \qquad \because e \text{ の定義}$$

また，右辺 1 項目はスターリングの公式から，

$$\frac{\Gamma\left(\dfrac{n+1}{2}\right)}{\Gamma\left(\dfrac{n}{2}\right)} \to \left(\frac{n}{2}\right)^{\frac{1}{2}} \qquad (n \to \infty)$$

よって，

$$f_n(x) = \frac{\Gamma\left(\dfrac{n+1}{2}\right)}{\sqrt{n\pi}\,\Gamma\left(\dfrac{n}{2}\right)} \left(1 + \frac{x^2}{n}\right)^{-\frac{n+1}{2}} \to \frac{1}{\sqrt{2\pi}} e^{-\frac{x^2}{2}}$$

これは，標準正規分布の確率密度関数となる．∎

> ―― スターリングの公式 (Stirling's formula) ――
>
> $$\frac{\Gamma(x+y)}{\Gamma(x)} = x^y \qquad (x \gg 0)$$

5.3　F 分布

分散の比の分布を調べるときに使われる確率分布が F 分布 (F-distribution) である.

> ── **F 分布** ──
>
> 　2 つの独立な確率変数 X, Y があり，X は自由度 m の，Y は自由度 n の χ^2 分布に従うとき，$F = \dfrac{\dfrac{X}{m}}{\dfrac{Y}{n}}$ は自由度 (m, n) の F 分布に従う.
>
> 　確率密度関数 $f_{m,n}(x) = \dfrac{m^{\frac{m}{2}} n^{\frac{n}{2}}}{B\left(\dfrac{m}{2}, \dfrac{n}{2}\right)} \cdot \dfrac{x^{\frac{m}{2}-1}}{(mx+n)^{\frac{m+n}{2}}} \quad (x > 0)$

5.3.1　F 分布の確率密度関数の導出

　確率変数 Y, Z が互いに独立で，Y は自由度 m の，そして Z は自由度 n の χ^2 分布に従うとき，その同時確率密度関数は，

$$f_{YZ}(y, z) = \frac{1}{2^{\frac{m+n}{2}} \Gamma\left(\dfrac{m}{2}\right) \Gamma\left(\dfrac{n}{2}\right)} y^{\frac{m}{2}-1} z^{\frac{n}{2}-1} e^{-\frac{y+z}{2}} \quad (y, z \in (0, \infty))$$

で表される. ここで，$x = \dfrac{\dfrac{y}{m}}{\dfrac{z}{n}}$, $u = mz$ と変数変換すると，

$$f_{XU}(x, u) = f_{YZ}(y(x, u), z(x, u)) \begin{vmatrix} \dfrac{\partial y}{\partial x} & \dfrac{\partial y}{\partial u} \\ \dfrac{\partial z}{\partial x} & \dfrac{\partial z}{\partial u} \end{vmatrix}$$

また，$y = \dfrac{xu}{n}$, $z = \dfrac{u}{m}$ より，

$$\begin{vmatrix} \dfrac{\partial y}{\partial x} & \dfrac{\partial y}{\partial u} \\ \dfrac{\partial z}{\partial x} & \dfrac{\partial z}{\partial u} \end{vmatrix} = \begin{vmatrix} \dfrac{u}{n} & \dfrac{x}{n} \\ 0 & \dfrac{1}{m} \end{vmatrix} = \frac{u}{mn}$$

となるから，

$$
\begin{aligned}
f_{XU}(x, u) &= \frac{1}{2^{\frac{m+n}{2}} \Gamma\left(\frac{m}{2}\right) \Gamma\left(\frac{n}{2}\right)} \left(\frac{xu}{n}\right)^{\frac{m}{2}-1} \left(\frac{u}{m}\right)^{\frac{n}{2}-1} \\
&\quad \times e^{-\frac{\frac{xu}{n}+\frac{u}{m}}{2}} \frac{u}{mn} \\
&= \frac{1}{2^{\frac{m+n}{2}} \Gamma\left(\frac{m}{2}\right) \Gamma\left(\frac{n}{2}\right) mn} \left(\frac{1}{n}\right)^{\frac{m}{2}-1} \left(\frac{1}{m}\right)^{\frac{n}{2}-1} \\
&\quad \times x^{\frac{m}{2}-1} u^{\frac{m+n}{2}-1} e^{-\frac{1}{2}\left(\frac{x}{n}+\frac{1}{m}\right)u}
\end{aligned}
$$

X の (周辺) 確率密度関数 $f(x)$ は，

$$
\begin{aligned}
f(x) &= \int_0^\infty f_{XU}(x, u) du \\
&= \frac{1}{2^{\frac{m+n}{2}} \Gamma\left(\frac{m}{2}\right) \Gamma\left(\frac{n}{2}\right) mn} \left(\frac{1}{n}\right)^{\frac{m}{2}-1} \left(\frac{1}{m}\right)^{\frac{n}{2}-1} x^{\frac{m}{2}-1} \\
&\quad \times \int_0^\infty u^{\frac{m+n}{2}-1} e^{-\frac{1}{2}\left(\frac{x}{n}+\frac{1}{m}\right)u} du
\end{aligned}
$$

ここで，$t = \dfrac{1}{2}\left(\dfrac{x}{n}+\dfrac{1}{m}\right)u$ とおくと，$u = \dfrac{2mn}{mx+n}t$, $du = \dfrac{2mn}{mx+n}dt$
より，

$$
\begin{aligned}
&= \frac{1}{2^{\frac{m+n}{2}} \Gamma\left(\frac{m}{2}\right) \Gamma\left(\frac{n}{2}\right) mn} \left(\frac{1}{n}\right)^{\frac{m}{2}-1} \left(\frac{1}{m}\right)^{\frac{n}{2}-1} x^{\frac{m}{2}-1} \\
&\quad \times \int_0^\infty \left(\frac{2mn}{mx+n}t\right)^{\frac{m+n}{2}-1} e^{-t} \frac{2mn}{mx+n} dt \\
&= \frac{1}{\Gamma\left(\frac{m}{2}\right) \Gamma\left(\frac{n}{2}\right)} \left(\frac{1}{n}\right)^{\frac{m}{2}} \left(\frac{1}{m}\right)^{\frac{n}{2}} x^{\frac{m}{2}-1} \left(\frac{mn}{mx+n}\right)^{\frac{m+n}{2}} \\
&\quad \times \int_0^\infty t^{\frac{m+n}{2}-1} e^{-t} dt
\end{aligned}
$$

$$= \frac{\Gamma\left(\dfrac{m}{2} + \dfrac{n}{2}\right)}{\Gamma\left(\dfrac{m}{2}\right)\Gamma\left(\dfrac{n}{2}\right)} m^{\frac{m}{2}} n^{\frac{n}{2}} x^{\frac{m}{2}-1} \frac{1}{(mx+n)^{\frac{m+n}{2}}}$$

$$= \frac{m^{\frac{m}{2}} n^{\frac{n}{2}}}{B\left(\dfrac{m}{2}, \dfrac{n}{2}\right)} \frac{x^{\frac{m}{2}-1}}{(mx+n)^{\frac{m+n}{2}}} \quad (x > 0)$$

となる.

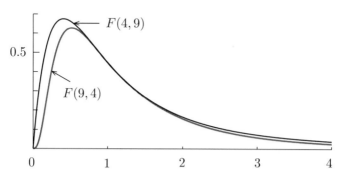

図 **5.3** F 分布 $F(m, n)$ の分布図

5.3.2 **F 分布の平均と分散**

F 分布 $F(m, n)$ の平均と分散を求める.

▌平均の計算▌

$$E(X) = \int_0^\infty x \frac{m^{\frac{m}{2}} n^{\frac{n}{2}}}{B\left(\dfrac{m}{2}, \dfrac{n}{2}\right)} \cdot \frac{x^{\frac{m}{2}-1}}{(mx+n)^{\frac{m+n}{2}}} dx$$

$$= \frac{1}{B\left(\dfrac{m}{2}, \dfrac{n}{2}\right)} \int_0^\infty \left(\frac{mx}{mx+n}\right)^{\frac{m}{2}} \left(1 - \frac{mx}{mx+n}\right)^{\frac{n}{2}} dx$$

ここで，$t = \dfrac{mx}{mx+n}$ とおけば，$x = \dfrac{n}{m} \cdot \dfrac{t}{1-t}$，$dx = \dfrac{n}{m} \cdot \dfrac{1}{(1-t)^2} dt$，$x :$
$0 \to \infty$ は $t : 0 \to 1$ に変換されるから

$$
= \frac{\dfrac{n}{m}}{B\left(\dfrac{m}{2}, \dfrac{n}{2}\right)} \int_0^1 t^{\frac{m}{2}} (1-t)^{\frac{n}{2}-2} dt
$$

$$
= \frac{\dfrac{n}{m}}{B\left(\dfrac{m}{2}, \dfrac{n}{2}\right)} B\left(\dfrac{m}{2}+1, \dfrac{n}{2}-1\right)
$$

$$
= \frac{n}{m} \frac{\Gamma\left(\dfrac{m+n}{2}\right)}{\Gamma\left(\dfrac{m}{2}\right)\Gamma\left(\dfrac{n}{2}\right)} \cdot \frac{\Gamma\left(\dfrac{m}{2}+1\right)\Gamma\left(\dfrac{n}{2}-1\right)}{\Gamma\left(\dfrac{m+n}{2}\right)}
$$

$$
= \frac{n}{m} \frac{\dfrac{m}{2}\Gamma\left(\dfrac{m}{2}\right)\dfrac{2}{n-2}\Gamma\left(\dfrac{n}{2}\right)}{\Gamma\left(\dfrac{m}{2}\right)\Gamma\left(\dfrac{n}{2}\right)}
$$

$$
= \frac{n}{n-2}
$$

▌分散の計算▌

$$
V(X) = E(X^2) - E(X)^2
$$

$$
E(X^2) = \frac{1}{B\left(\dfrac{m}{2}, \dfrac{n}{2}\right)} \int_0^\infty x \left(\frac{mx}{mx+n}\right)^{\frac{m}{2}} \left(1 - \frac{mx}{mx+n}\right)^{\frac{n}{2}} dx
$$

ここで，$t = \dfrac{mx}{mx+n}$ とおけば，平均の計算と同様に，

$$
= \frac{1}{B\left(\dfrac{m}{2}, \dfrac{n}{2}\right)} \int_0^\infty \frac{n}{m} \frac{t}{1-t} t^{\frac{m}{2}} (1-t)^{\frac{n}{2}} \frac{n}{m} \frac{1}{(1-t)^2} dt
$$

$$= \frac{\left(\dfrac{n}{m}\right)^2}{B\left(\dfrac{m}{2}, \dfrac{n}{2}\right)} \int_0^1 t^{\frac{m}{2}+1}(1-t)^{\frac{n}{2}-3}dt$$

$$= \frac{\left(\dfrac{n}{m}\right)^2}{B\left(\dfrac{m}{2}, \dfrac{n}{2}\right)} B\left(\frac{m}{2}+2, \frac{n}{2}-2\right)$$

$$= \left(\frac{n}{m}\right)^2 \frac{\Gamma\left(\dfrac{m+n}{2}\right)}{\Gamma\left(\dfrac{m}{2}\right)\Gamma\left(\dfrac{n}{2}\right)} \cdot \frac{\Gamma\left(\dfrac{m}{2}+2\right)\Gamma\left(\dfrac{n}{2}-2\right)}{\Gamma\left(\dfrac{m+n}{2}\right)}$$

$$= \frac{n^2(m+2)}{m(n-2)(n-4)}$$

したがって,

$$V(X) = \frac{n^2(m+2)}{m(n-2)(n-4)} - \left(\frac{n}{n-2}\right)^2$$

$$= \frac{n^2(m+2)(n-2) - n^2 m(n-4)}{m(n-2)^2(n-4)}$$

$$= \frac{2n^2(m+n-2)}{m(n-2)^2(n-4)}$$

F 分布の平均・分散

F 分布 $F(m,n)$ の平均 $\boldsymbol{\mu} = \dfrac{\boldsymbol{n}}{\boldsymbol{n-2}}$, 分散 $\boldsymbol{\sigma^2} = \dfrac{\boldsymbol{2n^2(m+n-2)}}{\boldsymbol{m(n-2)^2(n-4)}}$

5.4 連続型 (計量値に関する) 確率分布のまとめ

分布	確率関数	平均	分散
正規分布	$f(x) = \dfrac{1}{\sqrt{2\pi}\sigma} e^{-\frac{(x-\mu)^2}{2\sigma^2}}$	μ	σ^2
(標準)	$f(x) = \dfrac{1}{\sqrt{2\pi}} e^{-\frac{x^2}{2}}$	0	1
χ^2 分布	$f_n(x) = \dfrac{1}{2^{\frac{n}{2}} \varGamma\left(\dfrac{n}{2}\right)} x^{\frac{n}{2}-1} e^{-\frac{x}{2}}$	n	$2n$
t 分布	$f_n(x) = \dfrac{\varGamma\left(\dfrac{n+1}{2}\right)}{\sqrt{n\pi}\,\varGamma\left(\dfrac{n}{2}\right)} \left(1+\dfrac{x^2}{n}\right)^{-\frac{n+1}{2}}$	0	$\dfrac{n}{n-2}$
F 分布	$f_{m,n}(x) = \dfrac{m^{\frac{m}{2}} n^{\frac{n}{2}}}{B\left(\dfrac{m}{2},\dfrac{n}{2}\right)} \cdot \dfrac{x^{\frac{m}{2}-1}}{(mx+n)^{\frac{m+n}{2}}}$	$\dfrac{n}{n-2}$	$\dfrac{2n^2(m+n-2)}{m(n-2)^2(n-4)}$

5.5 確率分布間の関連

二項分布が全ての分布の基礎であり, そこからポアソン分布や正規分布が導かれることを述べたが, ここで, 分布間の関連を整理しておく.

図 5.4 は, 確率分布間の関連を示している. まず, 二項分布の $m(= np)$ を一定のまま, $n \to \infty$ とすると, ポアソン分布に収束する. また, 二項分布における試行回数 n を, $n \to \infty$ とすると漸近的に正規分布の挙動を示す.

さらに, 正規分布に従う確率変数を用いて変数変換すると, さまざまな分布を導出できる. 具体的には, 正規分布に従う確率変数 n 個の 2 乗和は, 自由度 n の χ^2 分布に従う. また, 正規分布にしたがう確率変数 X と, 自由度 n の χ^2 分布に従う確率変数 Y を用いた確率変数の関数 $\dfrac{X}{\sqrt{Y/n}}$ は, t 分布に従う. さらに, 自由度 m の χ^2 分布に従う確率変数 X と自由度 n の χ^2 分布に従う確率変数 Y を, 各分布の自由度で除し, 分数で表した確率変数の関数 $\dfrac{X/m}{Y/n}$ は, F 分布 $F(m,n)$ に従うこととなる. 結果として二項分布を基にして, さまざまな

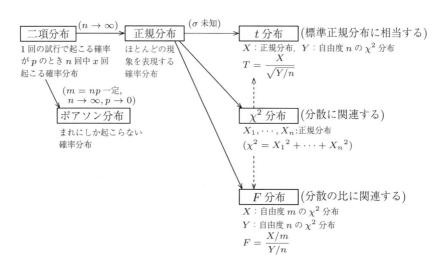

図 5.4 確率分布間の関連

分布を導出でき, 確率分布間の関連をこの図のように表すことができる.

◇◆問題 5 ◆◇

5.1 互いに独立な確率変数 $X_1, \cdots, X_{15}$ がすべて平均 15，分散 8 の正規分布に従うとき，次の問いに答えよ．

(1) $P\left(\displaystyle\sum_{i=1}^{15}(X_i - 15)^2 \geqq a\right) = 0.1$ となる a を求めよ．

(2) $P\left(\displaystyle\sum_{i=1}^{15}(X_i - \overline{X})^2 \geqq b\right) = 0.1$ となる b を求めよ．ここで，$\overline{X} = \dfrac{1}{15}\displaystyle\sum_{i=1}^{15} X_i$

5.2 3 次元空間の点 $(X = x, Y = y, Z = z)$ が選ばれて，$(1, 1, 2)$ との距離が 3 以上である確率を求めよ．ただし，X, Y, Z は互いに独立な確率変数であり，X, Y は平均 1，分散 1 の正規分布に従い，Z は平均 2，分散 1 の正規分布に従うものとせよ．

5.3 3 次元空間の点 $(X = x, Y = y, Z = z)$ が選ばれて，$(3, 3, 3)$ との距離が a 以下である確率が 0.75 となる a を求めよ．ただし，X, Y, Z は互いに独立であり，各確率変数は平均 3，分散 2 の正規分布に従うものとせよ．

5.4 自由度 n が 5，10，30，100 のとき，t 分布 $t(n)$ の下側 10% 点を求めよ．また，自由度 n が 100 のときの下側 10% 点と，標準正規分布における下側 10% 点を比較せよ．

5.5 F 分布の自由度 (m, n) が $(5, 10)$，$(10, 5)$ の時，F 分布の上側 5% 点を求めよ．

5.6 A 君が射撃をおこなうと，横方向への誤差 X_1 と縦方向への誤差 X_2 が互いに独立な正規分布 $N(0, 9)$ にしたがう．B 君は横方向への誤差 Y_1 と縦方向への誤差 Y_2 が互いに独立な正規分布 $N(0, 4)$ にしたがう．この 2 人が射撃の勝負をおこなうとき，B 君が勝利する確率を求めよ．(ヒント: 射撃の的の座標を $(0, 0)$ とし，射撃の玉が的により近い箇所に当たったプレイヤーを勝者とする．)

記述統計

6.1 統計とは

　統計とは，数量データを整理して，その実体を科学的に把握する手法のことである．この手法には，**記述統計** (discriptive statistics) と**推測統計** (statistical estimate) がある．

　また，対象としているデータの全体の集まりを**母集団** (population) と呼ぶ．この母集団が比較的小さな場合は，たとえばあるクラスや学校の生徒全体など，すべてを直接調べることが可能であり，これからデータの特徴を得るのが記述統計である．一方，全世界の 20 代の男性全体など，全体を調べることが実質的に困難な巨大な母集団も存在する．こうした場合，全データを解析するのではなく，その中から一部のデータ (**標本** (sample) という) を取り出し，それを解析することで母集団の特徴を推測する方法が推測統計である．

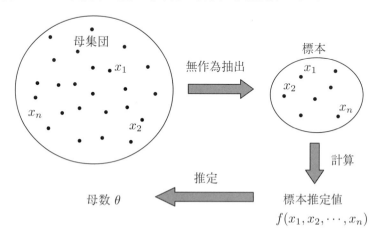

図 6.1　標本と母数の推定

統計の基本は，データの特性，平均や分散など，を計算し，分布から特徴を見抜く記述統計であるといえる．平均や分散，歪度など大きく 3 つに分類される統計値，分布の中心を表す値，分布の拡がりを表す値，分布の形を表す値，からなっている．

6.2 度数分布とヒストグラム

調査結果などの生データは，雑然としていてそのままでは特徴を把握するのが難しい．大きさの順にいくつかのグループ (**階級** (rank)) に分けて，それぞれの階級に属する個数 (**度数** (frequency) という) のわかる表 (**度数分布表** (frequency distribution table)) があるとデータの分布状況が把握しやすくなる．また，度数分布表を棒グラフで表示することで，視覚的に把握しやすくなる．この棒グラフを**ヒストグラム** (histogram) という．

たとえば，ある会社の従業員 30 人の月額賃金が，それぞれ

$$32 \quad 24 \quad 27 \quad 32 \quad 33 \quad 24 \quad 39 \quad 33 \quad 26 \quad 27$$
$$30 \quad 32 \quad 26 \quad 24 \quad 37 \quad 39 \quad 32 \quad 30 \quad 27 \quad 33$$
$$29 \quad 22 \quad 26 \quad 23 \quad 31 \quad 33 \quad 32 \quad 23 \quad 29 \quad 26$$

であるとき，度数分布表とヒストグラムは次のようになる．

階級	度数	相対度数
$20 \sim 25$	6	0.2
$25 \sim 30$	9	0.3
$30 \sim 35$	12	0.4
$35 \sim 40$	3	0.1

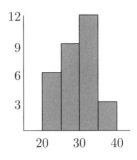

6.3 分布の中心を表す値 (代表値)

6.3.1 平均値

分布の中心を表す代表的な値は，**平均値** (mean) である．確率で表すと期待値になる．相加平均，算術平均ともいわれ，次の式で表す．

$$\overline{x} = \frac{1}{n}(x_1 + x_2 + \cdots + x_n) = \frac{1}{n}\sum_{i=1}^{n} x_i$$

6.3.2 中央値

位置的代表値とも呼ばれ，データを大きさ順に並べたときの中央に位置するものを**中央値** (median) と呼ぶ．中位数ともいい，データ数が奇数のときは中央の値を，偶数のときは2つの中央値の算術平均となる．昇順に並べたデータを $x_{(i)}$ で表すと，

(i) 奇数の場合 $x_{\left(\frac{n+1}{2}\right)}$

(ii) 偶数の場合 $\dfrac{x_{\left(\frac{n}{2}\right)} + x_{\left(\frac{n}{2}+1\right)}}{2}$

となる．

6.3.3 最頻値

母集団の中で最も多く存在する値を**最頻値** (mode) と呼ぶ．並み数ということもある．総度数が少ない場合には，存在しないこともある．

6.3.4 分布の拡がりを表す値 (散布度)

分布を捉えるには，平均などの代表値だけでは不十分であり，たとえ同じ平均値をもっていても，拡がり (ばらつき) の異なる分布であるかもしれない．

6.3.5 レンジ

拡がりの範囲を示す値が**レンジ** (range) である．レンジは，最大値と最小値の差で定義される．

$$レンジ = x_{\max} - x_{\min}$$

レンジでは，特異的に大きな値や小さな値が存在することで，異常に大きくなることがある．

6.3.6　分散

各データが，平均からどのくらいはなれているかを表すものに，**分散** (variance) がある．すでに，確率でも扱っているが，偏差平方の平均で定義される．

$$\sigma^2 = \frac{1}{n}\left\{(x_1 - \overline{x})^2 + (x_2 - \overline{x})^2 + \cdots + (x_n - \overline{x})^2\right\} = \frac{1}{n}\sum_{i=1}^{n}(x_i - \overline{x})^2$$

$$= \frac{1}{n}\sum_{i=1}^{n}{x_i}^2 - \overline{x}^2$$

分散の計算で，平均を出すのに n ではなく $n-1$ で割ったものを，**不偏分散** (unbiased variance) といい，標本から母集団を推定するときに用いる．

$$s^2 = \frac{1}{n-1}\sum_{i=1}^{n}(x_i - \overline{x})^2$$

6.3.7　標準偏差

分散の平方根をとったものを，**標準偏差** (standard deviation) と呼ぶ．

$$標準偏差\ \sigma = \sqrt{\frac{1}{n}\sum_{i=1}^{n}(x_i - \overline{x})^2}$$

異なるデータのばらつきの大きさを比較するのに，もともとのデータの大きさに依存していて，直接比較することができない．そこで**変動係数** (coefficient of variation) と呼ばれる値を次式で定義して，比較できるようにする．

$$CV = \frac{\sigma}{\overline{x}}$$

6.3.8　数値例

6.2 節のある会社の従業員 30 人の月額賃金の数値例において，**平均値**，**中央値**，**最頻値**，**レンジ**，**分散**を計算する．

代表値	式	数値例
平均値 (mean)	$\overline{x} = \dfrac{1}{n} \displaystyle\sum_{i=1}^{n} x_i$	29.37
中央値 (median)	$\dfrac{x_{\left(\frac{n}{2}\right)} + x_{\left(\frac{n}{2}+1\right)}}{2}$ $x_{\left(\frac{n+1}{2}\right)}$	n が偶数 29.5 n が奇数
最頻値 (mode)	$-$	32
レンジ (range)	$x_{\max} - x_{\min}$	17
分散 (variance)	$\dfrac{1}{n} \displaystyle\sum_{i=1}^{n} (x_i - \overline{x})^2$	21.34

6.4　分布の形を表す値

平均や分散が等しくても，分布の形状が異なる場合がある．平均や分散だけでは，分布の特性を捉え切れていないからである．これに対して，分布の形状を捉える必要がある．

6.4.1　歪度

歪度 (skewness) は分布の対称性を表す特性値である．どの方向にどの程度歪んでいるかを示す値であり，非対称度ともいう．

$$S_k = \frac{1}{n} \sum_{i=1}^{n} \left(\frac{x_i - \overline{x}}{\sigma} \right)^3$$

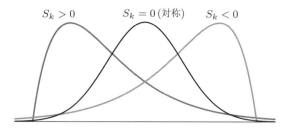

図 6.2　歪度と分布の形状

$S_k > 0$ で，右に裾の長い分布となり，$S_k < 0$ で左に裾の長い分布，$S_k = 0$ で左右対称の分布となる．

6.4.2 尖度

分布の尖りを表す特性値として，**尖度** (kurtosis) がある．

$$K_u = \frac{1}{n} \sum_{i=1}^{n} \left(\frac{x_i - \overline{x}}{\sigma} \right)^4 - 3$$

$K_u > 0$ で，正規分布より尖った分布を，$K_u < 0$ で，正規分布よりなだらかな分布を，$K_u = 0$ で，正規分布と同程度の尖りを表している．

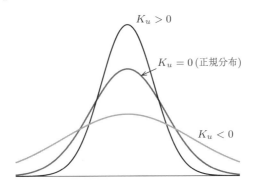

図 **6.3** 尖度と分布の形状

6.5 相関係数

2つの変量 x, y が対になった，$(x, y) = (x_i, y_i)$ （$i = 1, 2, \cdots, n$）が与えられているとき，xy 平面上に点 (x_i, y_i) をプロットしたものを**散布図** (scatter diagram) という．これで，x, y の間に関連があるかどうかを，ある程度判断できるが，あくまで感覚的なものである．それを数量的に表したものが**相関係数** (correlation coefficient) で，次の式で定義される．

$$r = \frac{\dfrac{1}{n}\displaystyle\sum_{i=1}^{n}(x_i - \overline{x})(y_i - \overline{y})}{\sqrt{\dfrac{1}{n}\displaystyle\sum_{i=1}^{n}(x_i - \overline{x})^2}\sqrt{\dfrac{1}{n}\displaystyle\sum_{i=1}^{n}(y_i - \overline{y})^2}} = \frac{\sigma_{xy}}{\sigma_x \sigma_y}$$

ここで，

$$x, y \text{ の共分散 } \sigma_{xy} = \frac{1}{n}\sum_{i=1}^{n}(x_i - \overline{x})(y_i - \overline{y})$$

$$x \text{ の標準偏差 } \sigma_x = \sqrt{\frac{1}{n}\sum_{i=1}^{n}(x_i - \overline{x})^2}$$

$$y \text{ の標準偏差 } \sigma_y = \sqrt{\frac{1}{n}\sum_{i=1}^{n}(y_i - \overline{y})^2}$$

である．ただし，$-1 \leqq r \leqq 1$ となる．

また，データ点 (x_i, y_i) の全体を近似する直線 $y = ax + b$ を，**回帰直線** (regression line) と呼ぶ．その係数 a, b は，データを最小 2 乗近似することで，次のように求まる．

$$a = \frac{\sigma_{xy}}{\sigma_x{}^2} = r\frac{\sigma_y}{\sigma_x}$$

$$b = \overline{y} - a\overline{x}$$

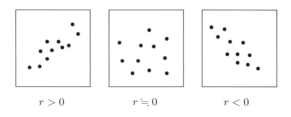

$r > 0$ $\qquad$ $r \fallingdotseq 0$ $\qquad$ $r < 0$

図 6.4 散布図と相関係数

◇◆問題 6 ◆◇

6.1　次のデータは男子学生 30 人の身長 (cm) のデータである．以下の問いに答えよ．

167	159	175	170	172	178	165	163	160	190
173	159	166	155	180	157	161	173	176	182
162	169	176	173	182	184	171	175	158	176

(1)　上のデータの度数と相対度数を求め，次の表を完成せよ．

階級	度数	相対度数
〜159		
160〜163		
164〜167		
168〜171		
172〜175		
176〜179		
180〜183		
183〜		

(2)　男子学生 30 人の身長 (cm) のデータに対して平均値，中央値，レンジ，分散値を求めよ．

6.2　次表のように x と y の 2 種類のデータが，グループ 1 とグループ 2 に分割されて与えられたとき，次の問いに答えよ．

	グループ 1					グループ 2				
x	1	2	3	4	5	1	2	3	4	5
y	6	5	3	2	1	1	2	2	6	6

(1)　グループ 1 の相関係数を求めよ．

(2)　グループ 2 の相関係数を求めよ．

(3)　グループ 1 とグループ 2 のデータを合わせたデータの相関係数を求めよ．

推測統計

大きな母集団から標本を無作為に抽出し，それをもとに母集団の分布の特徴を推測するのが推測統計である．ここで，**無作為抽出** (random sampling) とは，標本の大きさが n であるとき，母集団の個体のどの n 個の組合せも，標本に選ばれる確率が同じになるような抽出法と定義される．

7.1　推定

統計では，**母数** (population parameter) の推定値を求める方法として2つのものがある．1つ目は**点推定** (point estimation) と呼ばれ，2つ目は**区間推定** (interval estimaiton) と呼ばれる．点推定は，標本から計算した値で，母集団の推測値を得ようとするものである．また，区間推定は，母数の値の範囲を推定するものである．

7.2　点推定

母集団から n 個の標本 $X_1, X_2, \cdots, X_n$ を抽出する場合，各 X_i は標本の採り方によって変化するので，確率変数と考えることができる．つまり，$X_1, X_2, \cdots, X_n$ は，同一の確率分布に従う独立な確率変数と考えられる．

標本 $X_1, X_2, \cdots, X_n$ から，母数の推定値を求める場合，母数が従う分布がわかっていた方が精度よく推定できるが，一般に知ることはできない．しかし，数多くのデータがあるとき，意図的な加工が施されていない限り，そのデータは正規分布に従っている．以下の議論の中で，正規分布が仮定されるのはそのためである．

また，母数の推定値には，**不偏推定値** (unbiased estimate) と**最尤推定値** (maximum likelihood estimate) がある．

7.2.1 不偏推定量

標本 $X_1, X_2, \cdots, X_n$ から，母数 θ の点推定量 $\widetilde{\theta}$ を求める場合，確率変数 $\widetilde{\theta}$ は $X_1, X_2, \cdots, X_n$ の関数となり，ある分布に従って変化することになる．

推定量 $\widetilde{\theta}$ の期待値 $E(\widetilde{\theta})$ が，母数 θ と等しいとき，この $\widetilde{\theta}$ を θ の**不偏推定量** (unbiased estimator) と呼ぶ．つまり，

$$E(\widetilde{\theta}) = \theta$$

を満たす推定量が不偏推定量である．ここで，推定量とは推定値を与える公式のことである．

母平均 μ と母分散 σ^2 の不偏推定量

$$\mu \text{ の不偏推定量} : \overline{X} = \frac{1}{n} \sum_{i=1}^{n} X_i$$

$$\sigma^2 \text{の不偏推定量} : s^2 = \frac{1}{n-1} \sum_{i=1}^{n} \left(X_i - \overline{X}\right)^2$$

[証明] 標本 $X_1, X_2, \cdots, X_n$ は，すべて同一の母集団 (母平均 μ，母分散 σ^2) から抽出されている独立確率変数である．

$$E(X_1) = E(X_2) = \cdots = E(X_n) = \mu$$

$$V(X_1) = V(X_2) = \cdots = V(X_n) = \sigma^2$$

μ の不偏推定量

$$E(\overline{X}) = E\left(\frac{1}{n}(X_1 + X_2 + \cdots + X_n)\right)$$

$$= \frac{1}{n}\left(E(X_1) + E(X_2) + \cdots + E(X_n)\right)$$

$$= \frac{1}{n}n\mu = \mu$$

σ^2 の不偏推定量

$$E(s^2) = E\left(\frac{1}{n-1} \sum_{i=1}^{n} (X_i - \overline{X})^2\right)$$

$$= \frac{1}{n-1} E\left(\sum_{i=1}^{n} (X_i - \overline{X})^2\right)$$

$$= \frac{1}{n-1} E\left(\sum_{i=1}^{n} \{(X_i - \mu) - (\overline{X} - \mu)\}^2\right)$$

$$= \frac{1}{n-1} E\left(\sum_{i=1}^{n} \{(X_i - \mu)^2 - 2(X_i - \mu)(\overline{X} - \mu) + (\overline{X} - \mu)^2\}\right)$$

$$= \frac{1}{n-1} E\left(\sum_{i=1}^{n} (X_i - \mu)^2 - \sum_{i=1}^{n} 2(X_i - \mu)(\overline{X} - \mu)\right.$$
$$\left. + \sum_{i=1}^{n} (\overline{X} - \mu)^2\right)$$

$$= \frac{1}{n-1} E\left(\sum_{i=1}^{n} (X_i - \mu)^2 - 2n(\overline{X} - \mu)^2 + n(\overline{X} - \mu)^2\right)$$

$$= \frac{1}{n-1} \left\{ E\left(\sum_{i=1}^{n} (X_i - \mu)^2\right) - nE\big((\overline{X} - \mu)^2\big) \right\}$$

$$= \frac{1}{n-1} \left\{ \sum_{i=1}^{n} E\big((X_i - \mu)^2\big) - nV(\overline{X}) \right\}$$

$$= \frac{1}{n-1} \left\{ n\sigma^2 - n\frac{1}{n^2}n\sigma^2 \right\}$$

$$= \sigma^2$$

7.2.2 最尤推定量

n 個の確率変数 $X_1, X_2, \cdots, X_n$ の実現値が $x_1, x_2, \cdots, x_n$ のとき，同時に $X_1 = x_1,\ X_2 = x_2, \cdots,\ X_n = x_n$ となる事象の確率は，

$$P(X_1 = x_1, X_2 = x_2, \cdots, X_n = x_n) = f(x_1, x_2, \cdots, x_n; \theta)$$

と表され，$f(x_1, x_2, \cdots, x_n; \theta)$ を母数 θ が与えられたときの，標本 $(x_1, x_2, \cdots, x_n)$ の同時確率分布と呼ばれる．

このとき，標本値 $(x_1, x_2, \cdots, x_n)$ を固定して，$f(x_1, x_2, \cdots, x_n; \theta)$ を母数

θ の関数と見ることもできる．この f を**尤度関数** (likelihood function) と呼び，$L(\theta)$ で表す．したがって，**最尤推定量** (maximum likelihood estimator) とは，尤度関数 $L(\theta)$ を最大にする母数 θ の推定量である．

正規分布 $N(\mu, \sigma^2)$ に従う母集団から，大きさ n の無作為標本 $x_1, x_2, \cdots, x_n$ が実現した場合，X の確率密度関数が

$$f(x) = \frac{1}{\sqrt{2\pi\sigma^2}} e^{-\frac{(x-\mu)^2}{2\sigma^2}}$$

であるから，

$$
\begin{aligned}
L(\mu, \sigma^2) &= f(x_1)f(x_2)\cdots f(x_n) \\
&= \frac{1}{\sqrt{2\pi\sigma^2}} e^{-\frac{(x_1-\mu)^2}{2\sigma^2}} \frac{1}{\sqrt{2\pi\sigma^2}} e^{-\frac{(x_2-\mu)^2}{2\sigma^2}} \times \cdots \\
&\quad \times \frac{1}{\sqrt{2\pi\sigma^2}} e^{-\frac{(x_n-\mu)^2}{2\sigma^2}} \\
&= (2\pi\sigma^2)^{-\frac{n}{2}} e^{-\frac{1}{2\sigma^2}\sum_{i=1}^{n}(x_i-\mu)^2}
\end{aligned}
$$

両辺の対数をとって，対数尤度関数にすると

$$\ln L(\mu, \sigma^2) = -\frac{n}{2}\ln 2\pi - \frac{n}{2}\ln\sigma^2 - \frac{1}{2\sigma^2}\sum_{i=1}^{n}(x_i-\mu)^2$$

対数尤度を最大にする μ と σ^2 は，

$$\frac{\partial \ln L}{\partial \mu} = 0$$

$$\frac{\partial \ln L}{\partial \sigma^2} = 0$$

の解として求めることができる．

$$\frac{\partial \ln L}{\partial \mu} = \frac{1}{\sigma^2}\sum_{i=1}^{n}(x_i-\mu) = 0$$

$$\frac{\partial \ln L}{\partial \sigma^2} = -\frac{n}{2\sigma^2} + \frac{1}{2\sigma^4}\sum_{i=1}^{n}(x_i-\mu)^2 = 0$$

から，μ の最尤推定量 $\widehat{\mu}$ は，

$$\widehat{\mu} = \frac{1}{n} \sum_{i=1}^{n} x_i = \overline{X}$$

同様に，σ^2 の最尤推定量 $\widehat{\sigma}^2$ は，

$$\widehat{\sigma}^2 = \frac{1}{n} \sum_{i=1}^{n} (x_i - \widehat{\mu})^2$$

母平均 μ と母分散 σ^2 の最尤推定量

母集団は正規分布 $N(\mu, \sigma^2)$ に従うものとすると

μ の最尤推定量：$\widehat{\mu} = \dfrac{1}{n} \sum_{i=1}^{n} X_i = \overline{X}$

σ^2 の最尤推定量：$\widehat{\sigma}^2 = \dfrac{1}{n} \sum_{i=1}^{n} (X_i - \widehat{\mu})^2$

7.3 区間推定

点推定では，母数の値を推定するが，推定値のばらつきについては考慮されない．そこで，母数の真の値を含むと考えられる区間を設定するのが区間推定である．区間推定値は，予め指定した確率でその区間に母数が含まれるように設定されるので，どの程度の正確さで区間が推定されているかを明示しているという利点がある．区間推定値は，**信頼区間** (confidence interval) とも呼ばれる．

つまり，母集団の未知の母数 θ に対して，確率 $1 - \alpha$ で母数 θ が信頼区間 $\theta_1 \leqq \theta \leqq \theta_2$ の範囲に存在することを示すのが，区間推定である．このとき

$$P(\theta_1 \leqq \theta \leqq \theta_2) = 1 - \alpha$$

α を**危険率** (risk) またはその値を超えると意味がなくなることを表すために**有意水準** (significance level) と呼んでいる．また，$1 - \alpha$ を**信頼係数** (confidence coefficient) と呼ぶ．

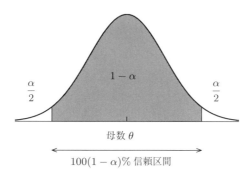

母数 θ

$100(1-\alpha)\%$ 信頼区間

図 7.1　信頼区間の概要

7.3.1　母平均 μ の区間推定

母集団が平均 μ，分散 σ^2 の正規分布に従うとき，無作為に抽出した標本 $X_1, X_2, \cdots, X_n$ から母平均を区間推定する方法について考えてみる．

母集団が正規分布か否か，標本数は大きいか否か，母分散は既知か否か，によって推定法が異なる．これを次表に示す．

分類	母集団の分布	標本の大きさ	母分散	確率変数と分布
a	正規分布	任意	既知	$Z = \dfrac{\overline{X} - \mu}{\sqrt{\dfrac{\sigma^2}{n}}} \sim N(0,1)$
b	正規分布	大標本	未知	$Z = \dfrac{\overline{X} - \mu}{\sqrt{\dfrac{s^2}{n}}} \approx N(0,1)$
c	正規分布	小標本	未知	$Z = \dfrac{\overline{X} - \mu}{\sqrt{\dfrac{s^2}{n}}} \sim t(n-1)$
d	任意	大標本	既知	$Z = \dfrac{\overline{X} - \mu}{\sqrt{\dfrac{\sigma^2}{n}}} \approx N(0,1)$
e	任意	大標本	未知	$Z = \dfrac{\overline{X} - \mu}{\sqrt{\dfrac{s^2}{n}}} \approx N(0,1)$

ここで，大標本とは $n \geqq 30$，$t(n-1)$ は自由度 $n-1$ の t 分布，$\sim$ は分布に従うこと，$\approx$ は近似できることを意味している．

分類 a について，信頼区間を推定する．有意水準を α とすれば，

$$P(-z_{\alpha/2} \leqq Z \leqq z_{\alpha/2}) = 1 - \alpha$$

$$-z_{\alpha/2} \leqq \dfrac{\overline{X} - \mu}{\sqrt{\dfrac{\sigma^2}{n}}} \leqq z_{\alpha/2}$$

$$-z_{\alpha/2}\sqrt{\dfrac{\sigma^2}{n}} \leqq \overline{X} - \mu \leqq z_{\alpha/2}\sqrt{\dfrac{\sigma^2}{n}}$$

これから，母平均 μ の信頼係数 $1 - \alpha$ の信頼区間は，

$$\overline{X} - z_{\alpha/2}\sqrt{\dfrac{\sigma^2}{n}} \leqq \mu \leqq \overline{X} + z_{\alpha/2}\sqrt{\dfrac{\sigma^2}{n}}$$

分類 d はこれと同様に推定できる．

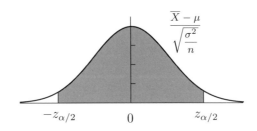

図 7.2　標準正規分布による $100(1 - \alpha)\%$ 信頼区間

分類 b, c について，信頼区間を推定する．母分散 σ^2 が未知なので，標本分散 s^2 で近似する．すると以下に証明するように，Z は自由度 $n - 1$ の t 分布に従う．分類 b のように大標本であれば，t 分布は正規分布で近似できるので，分類 a と同様になるが，分類 c では t 分布から信頼区間を推定する必要がある．

有意水準を α としたときの分類 b の信頼区間は，

$$\overline{X} - z_{\alpha/2}\sqrt{\dfrac{s^2}{n}} \leqq \mu \leqq \overline{X} + z_{\alpha/2}\sqrt{\dfrac{s^2}{n}}$$

となる．分類 e はこれと同様である．一方，分類 c では，

$$P(-t_{n-1,\alpha/2} \leqq Z \leqq t_{n-1,\alpha/2}) = 1 - \alpha$$

$$-t_{n-1,\alpha/2} \leqq \dfrac{\overline{X} - \mu}{\sqrt{\dfrac{s^2}{n}}} \leqq t_{n-1,\alpha/2}$$

$$-t_{n-1,\alpha/2}\sqrt{\dfrac{s^2}{n}} \leqq \overline{X} - \mu \leqq t_{n-1,\alpha/2}\sqrt{\dfrac{s^2}{n}}$$

これから，母平均 μ の信頼係数 $1 - \alpha$ の信頼区間は，

$$\overline{X} - t_{n-1,\alpha/2}\sqrt{\dfrac{s^2}{n}} \leqq \mu \leqq \overline{X} + t_{n-1,\alpha/2}\sqrt{\dfrac{s^2}{n}}$$

$\boxed{Z\text{ が }t\text{ 分布に従う証明}}$　Z の分子分母を σ で割ると，

$$Z = \dfrac{\overline{X} - \mu}{\sqrt{\dfrac{s^2}{n}}} = \dfrac{\dfrac{\overline{X} - \mu}{\sigma}}{\sqrt{\dfrac{s^2}{\sigma^2}}}$$

となり，分子は $N(0,1)$ に従う確率変数となる．分母の平方根の内部は，

$$s^2 = \dfrac{1}{n-1}\sum_{i=1}^{n}(X_i - \overline{X})^2$$

より，

$$\dfrac{s^2}{\sigma^2} = \dfrac{\displaystyle\sum_{i=1}^{n}\left(\dfrac{X_i - \overline{X}}{\sigma}\right)^2}{n-1}$$

ここで，分子は

$$\sum_{i=1}^{n}\left(\dfrac{X_i - \overline{X}}{\sigma}\right)^2 = \sum_{i=1}^{n}\left(\dfrac{X_i - \mu}{\sigma}\right)^2 - \left(\dfrac{\overline{X} - \mu}{\dfrac{\sigma}{\sqrt{n}}}\right)^2$$

と変形でき，右辺第 1 項は自由度 n の χ^2 分布に，第 2 項は自由度 $n-1$ の χ^2 分布になる．したがって，全体は自由度 $n-1$ の χ^2 分布になる．t 分布の定義から，Z は自由度 $n-1$ の t 分布となる．

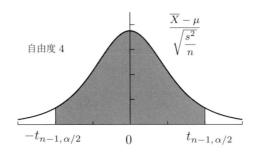

$$\frac{\overline{X} - \mu}{\sqrt{\dfrac{s^2}{n}}}$$

自由度 4

$-t_{n-1,\alpha/2}$ 0 $t_{n-1,\alpha/2}$

図 7.3 t 分布による $100(1-\alpha)\%$ 信頼区間

例題 7.1 ある学校で 100 人の学生が無作為に選ばれ，TOEIC の試験が実施された．この標本のテスト結果は平均 555，標本分散 2704 であった．この学校の全学生の平均点を，危険率 5% で区間推定せよ．

[解答] この問題は，母分散が不明であるが，大標本であるため分類 b に相当する．したがって，信頼区間は

$$\overline{X} - z_{\alpha/2}\sqrt{\frac{s^2}{n}} \leqq \mu \leqq \overline{X} + z_{\alpha/2}\sqrt{\frac{s^2}{n}}$$

で求められ，標準正規分布表から

$$z_{\alpha/2} = 1.96$$

となる．標本平均 $\overline{x} = 555$，標本分散 $s^2 = 2704$，$n = 100$ を代入すれば，

$$555 - 1.96\sqrt{\frac{2704}{100}} \leqq \mu \leqq 555 + 1.96\sqrt{\frac{2704}{100}}$$

これから，95% 信頼区間は，

$$544.8 \leqq \mu \leqq 565.2$$

で与えられる．

● **Excel 実行例**

	A	B	C	D	E
1	標本数=	100			
2	標本平均=	555			
3	標本分散=	2704			
4					
5	標準正規分布の臨界値				
6	z_0.025=	-1.95996	←	=NORM.S.INV(0.025)	
7	z_0.975=	1.959964	←	=NORM.S.INV(0.975)	
8					
9	信頼区間の下限・上限				
10	下限=	544.8082	←	=B2+B6*SQRT(B3/B1)	
11	上限=	565.1918	←	=B2+B7*SQRT(B3/B1)	

練習 7.1 ある会社の $100\,\mathrm{g}$ 入りと表示のあるお菓子を無作為に 15 個取り出してきて，重さを測ったところ，

$$102, 98, 91, 103, 96, 97, 103, 109, 102, 97,$$

$$105, 95, 99, 103, 101$$

であった．平均重量の 95 % 信頼区間を求めよ．

$$[(97.6\,\mathrm{g},\ 102.6\,\mathrm{g})]$$

7.3.2 2つの母平均の差の区間推定

2 つの正規母集団を $N(\mu_A, \sigma_A{}^2), N(\mu_B, \sigma_B{}^2)$ とする．X, Y をそれぞれの母集団の独立な確率変数とするとき，$X + Y$ は $N(\mu_A + \mu_B, \sigma_A{}^2 + \sigma_B{}^2)$ に従う．これを，正規分布の**再生性** (reproductive property) と呼ぶ．この性質から，$\overline{x}_A, s_A{}^2$ を $N(\mu_A, \sigma_A{}^2)$ からの大きさ n_A の標本平均と標本分散，$\overline{x}_B, s_B{}^2$ を $N(\mu_B, \sigma_B{}^2)$ からの大きさ n_B の標本平均と標本分散としたとき，2 つの母平均の差 $\mu_A - \mu_B$ の区間推定を次の手順でおこなう．

(a) 母分散が共に既知の場合

$\overline{x}_A \sim N\left(\mu_A, \dfrac{\sigma_A{}^2}{n_A}\right)$, $\overline{x}_B \sim N\left(\mu_B, \dfrac{\sigma_B{}^2}{n_B}\right)$ であり，再生性より $\overline{x}_A - \overline{x}_B \sim$

$N\left(\mu_A - \mu_B, \dfrac{{\sigma_A}^2}{n_A} + \dfrac{{\sigma_B}^2}{n_B}\right)$ となるので，変数変換

$$Z = \frac{(\overline{x}_A - \overline{x}_B) - (\mu_A - \mu_B)}{\sqrt{\dfrac{{\sigma_A}^2}{n_A} + \dfrac{{\sigma_B}^2}{n_B}}} \sim N(0,1)$$

となる．これから，

$$-z_{\alpha/2} \leqq Z \leqq z_{\alpha/2}$$

となり，有意水準 α での信頼区間は，

$$(\overline{x}_A - \overline{x}_B) - z_{\alpha/2}\sqrt{\frac{{\sigma_A}^2}{n_A} + \frac{{\sigma_B}^2}{n_B}} \leqq \mu_A - \mu_B$$

$$\leqq (\overline{x}_A - \overline{x}_B) + z_{\alpha/2}\sqrt{\frac{{\sigma_A}^2}{n_A} + \frac{{\sigma_B}^2}{n_B}}$$

(b) 母分散が共に未知だが大標本の場合

大標本の場合，母分散を標本分散で代用できるので，(a) の母分散 ${\sigma_A}^2, {\sigma_B}^2$ を，それぞれ ${s_A}^2, {s_B}^2$ で置き換えて，

$$(\overline{x}_A - \overline{x}_B) - z_{\alpha/2}\sqrt{\frac{{s_A}^2}{n_A} + \frac{{s_B}^2}{n_B}} \leqq \mu_A - \mu_B$$

$$\leqq (\overline{x}_A - \overline{x}_B) + z_{\alpha/2}\sqrt{\frac{{s_A}^2}{n_A} + \frac{{s_B}^2}{n_B}}$$

(c) 母分散が未知だが等しい場合

母平均の推定と同じく，t 分布で予測できる．ただし，標本分散は次式で計算する．

$$s^2 = \frac{(n_A - 1){s_A}^2 + (n_B - 1){s_B}^2}{n_A + n_B - 2}$$

また，t 分布の自由度は，$(n_A - 1) + (n_B - 1) = n_A + n_B - 2$ となる．

$$(\overline{x}_A - \overline{x}_B) - t_{n_A+n_B-2,\alpha/2}\, s\sqrt{\frac{1}{n_A} + \frac{1}{n_B}} \leqq \mu_A - \mu_B$$

$$\leqq (\overline{x}_A - \overline{x}_B) + t_{n_A+n_B-2,\alpha/2}\, s\sqrt{\frac{1}{n_A} + \frac{1}{n_B}}$$

(d) 母分散が共に未知の場合

母分散が未知で等しくない場合には，t 分布の自由度 m を，次の式で予測して使う．これを**ウェルチの近似法** (Welch's approximation) と呼ぶ．

$$m = \frac{\left(\dfrac{s_A{}^2}{n_A} + \dfrac{s_B{}^2}{n_B} \right)^2}{\dfrac{s_A{}^4}{n_A{}^2(n_A - 1)} + \dfrac{s_B{}^4}{n_B{}^2(n_B - 1)}}$$

これから，有意水準 α の区間推定は，

$$(\overline{x}_A - \overline{x}_B) - t_{m,\alpha/2}\sqrt{\frac{s_A{}^2}{n_A} + \frac{s_B{}^2}{n_B}} \leqq \mu_A - \mu_B$$

$$\leqq (\overline{x}_A - \overline{x}_B) + t_{m,\alpha/2}\sqrt{\frac{s_A{}^2}{n_A} + \frac{s_B{}^2}{n_B}}$$

例題 7.2 血清総コレステロール量の男女差を調べるために，8 人ずつを無作為に選んで測定した．

男　219, 195, 217, 210, 193, 196, 205, 191

女　173, 201, 185, 203, 178, 188, 199, 184

母分散は等しいとして，有意差 5% で母平均の差の信頼区間を求めよ．

解答　男 A，女 B の標本平均と標本分散は，$\overline{x}_A = 203.3, s_A{}^2 = 123.1, \overline{x}_B = 188.9, s_B{}^2 = 122.7$ となる．これから，標本分散は，

$$s^2 = \frac{(8-1)123.1 + (8-1)122.7}{8+8-2} = 122.9$$

自由度 $8 + 8 - 2$ の t 分布の値は，$t_{14,0.025} = 2.145$ より，

$$(203.3 - 188.9) \pm t_{14,0.025}\sqrt{122.9}\sqrt{\frac{1}{8} + \frac{1}{8}} = 14.4 \pm 11.9$$

$$2.5 \leqq \mu_A - \mu_B \leqq 26.3$$

● Excel 実行例

	A	B	C	D	E	F	G
1	No.	男	女				
2	1	219	173				
3	2	195	201				
4	3	217	185				
5	4	210	203				
6	5	193	178				
7	6	196	188				
8	7	205	199				
9	8	191	184				
10	標本平均=	203.25	188.875	←	=AVERAGE(C2:C9)		
11	標本分散=	123.0714	122.6964	←	=VAR.S(C2:C9)		
12							
13	2群の標本分散=		122.8839	←	=((8-1)*B11+(8-1)*C11)/(8+8-2)		
14							
15	t分布の臨界値						
16	t_0.025(14)=		2.144787	←	=T.INV.2T(0.05,14)		
17					(注)両側確率を与える		
18	信頼区間の下限・上限						
19	下限=	2.487196	←	=(B10-C10)-C16*SQRT(C13/8+C13/8)			
20	上限=	26.2628	←	=(B10-C10)+C16*SQRT(C13/8+C13/8)			

練習 7.2 ある工場では，直径 20 mm の精密部品を製作している．工具 A，B がこの製作に当たっているが，2 人の技量に差があるかどうかを調べたい．そこで，製品検査をおこなったところ，次の結果を得た．95％で差の信頼区間を求めよ．

	A	B
標本数	16	12
平均 (mm)	20	19.9
標準偏差	0.5	0.3

$$[(-0.213,\ 0.413)]$$

7.3.3 母分散 σ^2 の区間推定

(a) 母平均が既知の場合

$\displaystyle\sum_{i=1}^{n}\left(\dfrac{X_i-\mu}{\sigma}\right)^2$ が自由度 n の χ^2 分布になることを利用して，信頼区間を推定することができる．つまり，

$$S^2 = \frac{1}{n}\sum_{i=1}^{n}\left(X_i-\mu\right)^2$$

とすれば，

$$\sum_{i=1}^{n}\left(\frac{X_i-\mu}{\sigma}\right)^2 = \frac{nS^2}{\sigma^2}$$

より，有意水準 α での信頼区間は，

$$\chi_{n,1-\alpha/2}{}^2 \leqq \frac{nS^2}{\sigma^2} \leqq \chi_{n,\alpha/2}{}^2$$

したがって，σ^2 の有意水準 α の信頼区間は，

$$\frac{nS^2}{\chi_{n,\alpha/2}{}^2} \leqq \sigma^2 \leqq \frac{nS^2}{\chi_{n,1-\alpha/2}{}^2}$$

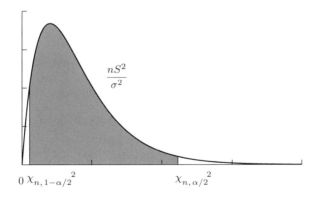

図 7.4 χ^2 分布による $100(1-\alpha)\%$ 信頼区間

(b) 母平均が未知の場合

$\displaystyle\sum_{i=1}^{n}\left(\frac{X_i - \overline{X}}{\sigma}\right)^2$ が自由度 $n-1$ の χ^2 分布になることを利用して，信頼区間を推定することができる．つまり，

$$\sum_{i=1}^{n}\left(\frac{X_i - \overline{X}}{\sigma}\right)^2 = \frac{(n-1)s^2}{\sigma^2}$$

より，有意水準 α での信頼区間は，

$$\chi_{n-1,1-\alpha/2}{}^2 \leqq \frac{(n-1)s^2}{\sigma^2} \leqq \chi_{n-1,\alpha/2}{}^2$$

したがって，σ^2 の有意水準 α の信頼区間は，

$$\frac{(n-1)s^2}{\chi_{n-1,\alpha/2}{}^2} \leqq \sigma^2 \leqq \frac{(n-1)s^2}{\chi_{n-1,1-\alpha/2}{}^2}$$

例題 7.3 ある女子大学の学生を，無作為に 15 人選んで身長を測ったところ，

$$162, 167, 160, 158, 159, 168, 169, 156, 158, 155,$$
$$159, 155, 165, 151, 146$$

であった．この大学の学生の身長の母平均と母分散の 95% 信頼区間を求めよ．

解答 標本の平均と分散は，

$$\overline{x} = \frac{1}{15}\sum_{i=1}^{15} x_i = 159.2$$

$$s^2 = \frac{1}{15-1}\sum_{i=1}^{15}(x_i - \overline{x})^2 = 40.46$$

小標本であるため，分類 c によって，自由度 $(15-1)$ の t 分布に従うことから，95% 臨界値は $t_{n-1,\alpha/2} = 2.145$ より

$$\overline{x} - t_{n-1,\alpha/2}\sqrt{\frac{s^2}{n}} \leqq \mu \leqq \overline{x} + t_{n-1,\alpha/2}\sqrt{\frac{s^2}{n}}$$

$$159.2 - 2.145\sqrt{\frac{40.46}{15}} \leqq \mu \leqq 159.2 + 2.145\sqrt{\frac{40.46}{15}}$$

$$155.7 \leqq \mu \leqq 162.7$$

分散の 95% 臨界値は，自由度 $(15-1)$ の χ^2 分布に従うことから

$$\chi_{n-1,1-\alpha/2}{}^2 = 5.629, \quad \chi_{n-1,\alpha/2}{}^2 = 26.119$$

より，

$$\frac{(n-1)s^2}{\chi_{n-1,\alpha/2}^2} \leq \sigma^2 \leq \frac{(n-1)s^2}{\chi_{n-1,1-\alpha/2}^2}$$

に代入して，

$$\frac{14 \times 40.46}{26.119} \leq \sigma^2 \leq \frac{14 \times 40.46}{5.629}$$

これから，分散の 95% 信頼区間は，

$$21.69 \leq \sigma^2 \leq 100.63$$

● **Excel 実行例**

	A	B	C	D	E	F	G
1	女子学生の身長データ						
2	162	167	160	158	159		
3	168	169	156	158	155		
4	159	155	165	151	146		
5							
6	標本平均=	159.2	←	=AVERAGE(A2:E4)			
7	標本分散=	40.45714	←	=VAR.S(A2:E4)			
8							
9	t分布の臨界値						
10	t_0.025(14)=		2.144787	←	=T.INV.2T(0.05,14)		
11							
12	平均の信頼区間の下限・上限						
13	下限=	155.6776	←	=B6-C10*SQRT(B7/15)			
14	上限=	162.7224	←	=B6+C10*SQRT(B7/15)			
15							
16	χ^2 分布の臨界値						
17	χ^2_0.025(14)=		26.11895	←	=CHISQ.INV.RT(0.025,14)		
18	χ^2_0.975(15)=		5.628726	←	=CHISQ.INV.RT(0.975,14)		
19							
20	分散の信頼区間の下限・上限						
21	下限=	21.68541	←	=(15-1)*B7/C17			
22	上限=	100.6267	←	=(15-1)*B7/C18			

練習 **7.3** ある会社の製品を無作為に 10 個抽出して長さを図ったところ

$$3.51, 3.45, 3.52, 3.51, 3.49, 3.50, 3.46, 3.49, 3.50, 3.48$$

であった．この製品の長さの分散を 95% 信頼区間で求めよ．

$$[(0.0002, \ 0.0017)]$$

7.3.4 2つの母分散の比の区間推定

(a) 母平均が既知の場合

2つの母集団の母平均をそれぞれ μ_A, μ_B とすると，F 分布の定義から，

$$F = \frac{\dfrac{1}{n_A}\displaystyle\sum_{i=1}^{n_A}\left(\dfrac{X_{Ai}-\mu_A}{\sigma_A}\right)^2}{\dfrac{1}{n_B}\displaystyle\sum_{i=1}^{n_B}\left(\dfrac{X_{Bi}-\mu_B}{\sigma_B}\right)^2} \sim F(n_A, n_B)$$

これから，

$$F_{n_A, n_B, 1-\alpha/2} \leqq \frac{\dfrac{S_A{}^2}{\sigma_A{}^2}}{\dfrac{S_B{}^2}{\sigma_B{}^2}} \leqq F_{n_A, n_B, \alpha/2}$$

したがって，

$$\frac{S_A{}^2}{S_B{}^2}\frac{1}{F_{n_A, n_B, \alpha/2}} \leqq \frac{\sigma_A{}^2}{\sigma_B{}^2} \leqq \frac{S_A{}^2}{S_B{}^2}\frac{1}{F_{n_A, n_B, 1-\alpha/2}}$$

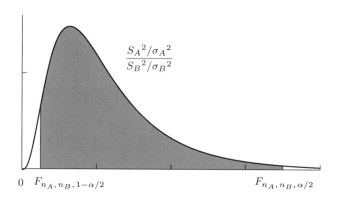

図 7.5 F 分布による $100(1-\alpha)\%$ 信頼区間

(b) 母平均が未知の場合

母平均が未知のときは，標本平均で計算すると，F 分布の定義から，

$$F = \frac{\dfrac{1}{n_A - 1} \displaystyle\sum_{i=1}^{n_A} \left(\dfrac{X_{Ai} - \overline{X_A}}{\sigma_A} \right)^2}{\dfrac{1}{n_B - 1} \displaystyle\sum_{i=1}^{n_B} \left(\dfrac{X_{Bi} - \overline{X_B}}{\sigma_B} \right)^2} \sim F(n_A - 1, n_B - 1)$$

これから,

$$F_{n_A-1, n_B-1, 1-\alpha/2} \leqq \frac{\dfrac{s_A{}^2}{\sigma_A{}^2}}{\dfrac{s_B{}^2}{\sigma_B{}^2}} \leqq F_{n_A-1, n_B-1, \alpha/2}$$

したがって,

$$\frac{s_A{}^2}{s_B{}^2} \frac{1}{F_{n_A-1, n_B-1, \alpha/2}} \leqq \frac{\sigma_A{}^2}{\sigma_B{}^2} \leqq \frac{s_A{}^2}{s_B{}^2} \frac{1}{F_{n_A-1, n_B-1, 1-\alpha/2}}$$

例題 7.4　A 社と B 社は $360 \, \mathrm{m}l$ の缶ビールを販売しているが, 消費者から分量にばらつきが大きいと B 社に苦情が寄せられた. そこで実情を調べるため, A 社の製品を 8 個, B 社の製品を 10 個無作為に抽出して比較してみた. それぞれの値は,

　　　A 社　　$362, 358, 356, 361, 362, 355, 359, 358$

　　　B 社　　$354, 365, 360, 369, 365, 355, 358, 361, 364, 358$

であった. ばらつきの比を 95% の信頼区間で調べよ.

(解答)　標本の不偏分散を求めると, $s_A{}^2 = 6.98, s_B{}^2 = 23.2$. また, 自由度 $(7, 9)$ の F 分布は,

$$F_{7,9,0.025} = 4.197, \quad F_{7,9,0.975} = \frac{1}{F_{9,7,0.025}} = \frac{1}{4.823}$$

したがって, 分散の比は,

$$\frac{6.98}{23.2} \times \frac{1}{4.197} \leqq \frac{\sigma_A{}^2}{\sigma_B{}^2} \leqq \frac{6.98}{23.2} \times 4.823$$

$$0.072 \leqq \frac{\sigma_A{}^2}{\sigma_B{}^2} \leqq 1.45$$

となり, B 社のばらつきが大きいことがわかる.

	A	B	C	D	E	F	G	H
1	No.	A社	B社					
2	1	362	354					
3	2	358	365					
4	3	356	360					
5	4	361	369					
6	5	362	365					
7	6	355	355					
8	7	359	358					
9	8	358	361					
10	9		364					
11	10		358					
12	標本分散=	6.982143	23.21111	←	=VAR.S(B2:B9)		=VAR.S(C2:C11)	
13								
14	F分布の臨界値							
15	F_0.025(7,9)=		4.197047	←	=F.INV.RT(0.025,7,9)			
16	F_0.975(7,9)=		0.20733	←	=F.INV.RT(0.975,7,9)			
17								
18	信頼区間の下限・上限							
19	下限=	0.071672	←	=B12/C12/C15				
20	上限=	1.450874	←	=B12/C12/C16				

7.3.5 母比率の区間推定

ある母集団において，属性 A を持つものと持たないものの比率 p を考えることがある．たとえば，xx を支持する，支持しない，yy が成り立つか，成り立たないかなどである．これは二項分布で計算できる．標本数が多いとき，すなわち $np, n(1-p)$ が共に 5 以上のときは，二項分布は近似的に $N(np, np(1-p))$ に従うので，p の点推定量 $\widehat{p} = X/n$ は，近似的に $N\left(p, \dfrac{p(1-p)}{n}\right)$ に従う．したがって，

$$Z = \frac{\widehat{p} - p}{\sqrt{\dfrac{p(1-p)}{n}}} \sim N(0, 1)$$

となる．これから，有意水準 α の信頼区間は，

$$\frac{|\widehat{p} - p|}{\sqrt{\dfrac{p(1-p)}{n}}} \leqq z_{\alpha/2}$$

両辺を 2 乗して，p で整理すると，

$$\left(1 + \frac{z_{\alpha/2}{}^2}{n}\right) p^2 - \left(2\widehat{p} + \frac{z_{\alpha/2}{}^2}{n}\right) p + \widehat{p}^2 \leqq 0$$

これから，p の信頼上限と信頼下限は，

$$\frac{\widehat{p} + \dfrac{z_{\alpha/2}{}^2}{2n} \pm \dfrac{z_{\alpha/2}}{\sqrt{n}} \sqrt{\widehat{p}(1-\widehat{p}) + \dfrac{z_{\alpha/2}{}^2}{4n}}}{1 + \dfrac{z_{\alpha/2}{}^2}{n}}$$

となる．ここで，n は正規分布で近似できるほど大きいので，$z_{\alpha/2}{}^2/n$ を 0 とおくと，

$$\widehat{p} \pm z_{\alpha/2} \sqrt{\frac{\widehat{p}(1-\widehat{p})}{n}}$$

したがって，信頼区間は，

$$\widehat{p} - z_{\alpha/2} \sqrt{\frac{\widehat{p}(1-\widehat{p})}{n}} \leqq p \leqq \widehat{p} + z_{\alpha/2} \sqrt{\frac{\widehat{p}(1-\widehat{p})}{n}}$$

例題 7.5 ある町の住民 500 人の血液型を調べたところ，62 人が AB 型であっ
た．この町の住民の AB 型の割合を有意水準 5% で区間推定せよ．

[解答] 標本比率は $\widehat{p} = 62/500 = 0.124$，$z_{\alpha/2} = 1.96$ より，信頼上限と信頼下限は，

$$0.124 \pm 1.96 \sqrt{\frac{0.124(1-0.124)}{500}} = 0.124 \pm 0.0289$$

したがって，

$$0.095 \leqq p \leqq 0.153$$

● **Excel 実行例**

	A	B	C	D	E	F
1	住人	500				
2	AB型	62				
3						
4	AB型の比率=		0.124	←	=B2/B1	
5						
6	標準正規分布の臨界値					
7	z_0.025=	-1.95996	←	=NORM.S.INV(0.025)		
8	z_0.975=	1.959964	←	=NORM.S.INV(0.975)		
9						
10	信頼区間の下限・上限					
11	下限=	0.095111	←	=C4+B7*SQRT(C4*(1-C4)/B1)		
12	上限=	0.152889	←	=C4+B8*SQRT(C4*(1-C4)/B1)		

練習 7.4 ある町の有権者 1000 人を無作為に抽出し，A 候補を支持するかどうか調査したところ，55％の人が指示すると回答した．A 候補のこの町における支持率を有意水準 5％で区間推定せよ．

[(51.9%, 58.1%)]

7.3.6　2 つの母比率の差の区間推定

2 つの標本数 n_A, n_B が大きいとき，二項分布は正規分布 $N(p_A, p_A(1 - p_A)/n_A), N(p_B, p_B(1 - p_B)/n_B)$ で近似できる．したがって，母比率の差は，正規分布の再生性から，$N(p_A - p_B, p_A(1 - p_A)/n_A + p_B(1 - p_B)/n_B)$ となる．これから，母比率の区間推定と同様な手順で，

$$\widehat{p}_A - \widehat{p}_B \pm z_{\alpha/2}\sqrt{\frac{\widehat{p}_A(1 - \widehat{p}_A)}{n_A} + \frac{\widehat{p}_B(1 - \widehat{p}_B)}{n_B}}$$

となる．よって，

$$\widehat{p}_A - \widehat{p}_B - z_{\alpha/2}\sqrt{\frac{\widehat{p}_A(1 - \widehat{p}_A)}{n_A} + \frac{\widehat{p}_B(1 - \widehat{p}_B)}{n_B}} \leqq p_A - p_B$$

$$\leqq \widehat{p}_A - \widehat{p}_B + z_{\alpha/2}\sqrt{\frac{\widehat{p}_A(1 - \widehat{p}_A)}{n_A} + \frac{\widehat{p}_B(1 - \widehat{p}_B)}{n_B}}$$

例題 7.6 ある町の男子 300 人と女子 200 人の血液型を調べたところ，男子では 38 人が，女子では 20 人が AB 型であった．このとき，2 つの母比率の差の 95％信頼区間を求めよ．

[解答] $\widehat{p}_A = 38/300 = 0.127, n_A = 300, \widehat{p}_B = 20/200 = 0.1, n_B = 200$，および $z_{0.025} = 1.96$ だから，

$$0.127 - 0.1 \pm 1.96\sqrt{\frac{0.127(1 - 0.127)}{300} + \frac{0.1(1 - 0.1)}{200}} = 0.027 \pm 0.056$$

したがって，

$$-0.029 \leqq p_A - p_B \leqq 0.083$$

● **Excel 実行例**

	A	B	C	D	E	F	G	H
1		男子	女子					
2	標本数	300	200					
3	AB型	38	20					
4								
5	AB型比率	0.126667	0.1	←	=B3/B2	=C3/C2		
6								
7	標準正規分布の臨界値							
8	z_0.025=	-1.95996	←	=NORM.S.INV(0.025)				
9	z_0.975=	1.959964	←	=NORM.S.INV(0.975)				
10								
11	信頼区間の下限・上限							
12	下限=	-0.02942	←	=(B5-C5)+B8*SQRT(B5*(1-B5)/B2+C5*(1-C5)/C2)				
13	上限=	0.082748	←	=(B5-C5)+B9*SQRT(B5*(1-B5)/B2+C5*(1-C5)/C2)				

7.3.7 ポアソン分布の母平均の区間推定

発生する回数が極端に少ない場合，確率分布はポアソン分布に従う．ポアソン分布の平均を m としたとき，m を区間推定する．標本平均 $\overline{X}$ は m の最尤推定量であり，これを $\widehat{m}$ とすれば，$n\widehat{m} \geqq 10$ のとき，$\widehat{m}$ は $N(m, m/n)$ で近似できる．これから，

$$Z = \frac{\widehat{m} - m}{\sqrt{\dfrac{m}{n}}} \sim N(0, 1)$$

したがって，有意水準 α の信頼区間は，

$$\sqrt{\frac{n}{m}}|\widehat{m} - m| \leqq z_{\alpha/2}$$

両辺を 2 乗して，m で整理すると，

$$m^2 - \left(2\widehat{m} + \frac{z_{\alpha/2}{}^2}{n}\right)m + \widehat{m}^2 \leqq 0$$

これから，m の信頼上限と信頼下限は，

$$\widehat{m} + \frac{z_{\alpha/2}{}^2}{2n} \pm z_{\alpha/2}\sqrt{\frac{\widehat{m}}{n} + \frac{z_{\alpha/2}{}^2}{4n^2}}$$

n が大きいときは，$z_{\alpha/2}{}^2/n$ を 0 と近似できるので，

$$\widehat{m} \pm z_{\alpha/2}\sqrt{\frac{\widehat{m}}{n}}$$

したがって，信頼区間は，

$$\widehat{m} - z_{\alpha/2}\sqrt{\frac{\widehat{m}}{n}} \leqq m \leqq \widehat{m} + z_{\alpha/2}\sqrt{\frac{\widehat{m}}{n}}$$

例題 7.7　ある年のある交差点で発生する事故の件数は，次の通りであった．

事故回数	0 回	1 回	2 回	3 回	4 回以上	合計
発生回数	205	115	37	8	0	365

　交通事故の件数はポアソン分布に従うとして，パラメータ m の 95% 信頼区間を求めよ．

[解答]　事故の総数 $\sum x = 213$, $\widehat{m} = 213/365 = 0.584$ から，$n\widehat{m} = 213 > 10$ より正規近似できるので，信頼区間は，

$$0.584 \pm 1.96\sqrt{\frac{0.584}{365}} = 0.584 \pm 0.0784$$

から，

$$0.506 \leqq m \leqq 0.662$$

● **Excel 実行例**

◢	A	B	C	D	E	F	G
1	事故回数	0	1	2	3	4回以上	合計
2	発生回数	205	115	37	8	0	365
3							
4	事故総数=	213	←	=C1*C2+D1*D2+E1*E2			
5							
6	ポアソン分布の平均m=			0.583562	←	=B4/G2	
7							
8	標準正規分布の臨界値						
9	z_0.025=	-1.95996	←	=NORM.S.INV(0.025)			
10	z_0.0975=	1.959964	←	=NORM.S.INV(0.975)			
11							
12	信頼区間の下限・上限						
13	下限=	0.505193	←	=D6+B9*SQRT(D6/G2)			
14	上限=	0.661931	←	=D6+B10*SQRT(D6/G2)			

7.4 標本の大きさと誤差

標本の数は多ければ多いほど推定区間幅は狭くなり，精度の高い予測が可能となる．しかし，標本数を増やすことはコストや時間の関係から，容易なことではない．そこで，条件を満たす最小の標本数を求める．母数が違っても，同じ手順で求めることができるので，ここでは母比率で求めてみる．

二項分布は標本数 n が大きいとき正規分布で近似できる．また，標本比率は $N\left(p, \dfrac{p(1-p)}{n}\right)$ に従うので，$100(1-\alpha)\%$ 信頼区間に標本比率 $\dfrac{x}{n}$ が属するとすれば，

$$p - z_{\alpha/2}\sqrt{\frac{p(1-p)}{n}} \leqq \frac{x}{n} \leqq p + z_{\alpha/2}\sqrt{\frac{p(1-p)}{n}}$$

つまり，

$$\left|\frac{x}{n} - p\right| \leqq z_{\alpha/2}\sqrt{\frac{p(1-p)}{n}}$$

左辺は区間推定の誤差なので，誤差の最大値を E とおけば，

$$E = z_{\alpha/2}\sqrt{\frac{p(1-p)}{n}}$$

が成り立つ．両辺を 2 乗すると，

$$E^2 = z_{\alpha/2}{}^2 \frac{p(1-p)}{n}$$

より，

$$n = \left(\frac{z_{\alpha/2}}{E}\right)^2 p(1-p)$$

また，母比率が不明の場合は，$p(1-p) \leqq \dfrac{1}{4}$ より，標本数は

$$n = \left(\frac{z_{\alpha/2}}{2E}\right)^2$$

以上にすればよいことになる．

例題 7.8　先ごろの世論調査で，内閣を支持しない割合が 75% となった．この値を 95% 信頼区間で推定したい．ただし，誤差は 2% 以下にしたいとするとき，標本数の大きさはどのくらいにすればよいか．

[解答] 母比率 $p = 0.75$, 最大誤差 $E = 0.02$, 有意水準 5% より, $z_{0.025} = 1.96$. したがって,

$$n = \left(\frac{z_{\alpha/2}}{E}\right)^2 p(1 - p)$$

$$= \left(\frac{1.96}{0.02}\right)^2 0.75(1 - 0.75)$$

$$= 1800.75$$

これから, 約 1801 人の標本を無作為に抽出すればよいことがわかる.

◇◆問題 7 ◆◇

7.1 分散 $\sigma^2 = 25$ の母集団から，$n = 200$ の標本を取り出したところ，標本平均 $\overline{x} = 20$ であった．このとき，母集団平均 μ を信頼係数 95% で区間推定せよ．

7.2 ある機械装置を組み立てるテストを 6 回おこなったところ，それぞれ，12，13，17，13，15，14 分かかった．この装置を組み立てるのに必要な平均時間を信頼係数 99% で区間推定せよ．

7.3 ある実験を試みたところ，25% の過負荷電流で 10 本のヒューズが飛んでしまうまでの平均時間は 9.2 分で，標準偏差は 2.5 分であった．25% の過負荷で，この種類のヒューズが飛ぶまでの平均時間を，信頼係数 99% で区間推定せよ．

7.4 ある工場で作られているタイヤの平均寿命を調べるため，30 本のタイヤについて検査したところ，総走行距離は平均 35,000 km，標準偏差 2,000 km であった．これより，この工場で作られるタイヤの平均寿命を信頼係数 95% で区間推定せよ．

7.5 ある溶液の pH の測定値は，7.90，7.94，7.93 であった．この溶液の pH の平均値の 95% の信頼区間を求めよ．

7.6 あるガソリンスタンドで，トラック用燃料の売り上げ量の伝票の中から，無作為に 20 枚取り出して，平均売り上げ量 244 l，標準偏差 10.6 l を求めた．信頼係数 95% で，平均売り上げ量の信頼区間を求めよ．

8

検定

母集団の母数について，**仮説** (hypothesis) を設定し，標本データによって仮説が支持されるか，棄却されるかを，統計的・確率的に調べることを**統計的仮説検定** (statistical hypothesis testing) または単に仮説検定と呼ぶ．仮説検定においては，2 つの仮説を立てて調べる．1 つは，**帰無仮説** (null hypothesis) H_0 といい，これから予想される統計量と，標本から計算された統計量が一致する確率を求め，予め決められた基準 (有意水準) に満たない場合に，この仮説を棄却するもので，棄却されることを期待して設定される．もう 1 つは，**対立仮説** (alternative hypothesis) H_1 であり，帰無仮説が棄却されると採択される仮説であり，本来採択されることを期待して設定される．なぜ，こうした回りくどい方法を取るかといえば，いくら多くの標本で成り立つからといって，正しいという証明にはならないが，正しくないことは 1 つの反例さえ挙げれば可能だからである．これを，仮説検定の非対称性と呼ぶ．

8.1 仮説検定のプロセス

仮説検定は，一般に次のようなプロセスを踏んで，おこなわれる．

(1) 帰無仮説と対立仮説を設定する．

(2) 検定統計量と帰無仮説のもとでの標本分布を確定する．

(3) 有意水準 α を定め，臨界値を計算して棄却域を決定する．

(4) 標本から検定統計値を計算する．

(5) 検定統計値が棄却域にあるか否かを調べる．

(6) 結論を引き出し，過誤の可能性について言及する．

これらの項目について，順に説明する．

(1) 仮説の設定

主張したいことの否定を帰無仮説，主張したいそのものを対立仮説として設定する．たとえば，日本人の成人男性と成人女性の平均身長 ($\mu_男$, $\mu_女$) に差があることを主張したい場合，

$$H_0 : \mu_男 - \mu_女 = 0$$

$$H_1 : \mu_男 - \mu_女 > 0$$

を仮説として設定することになる．ただし，この場合は $\mu_男 - \mu_女 < 0$ がないものとして排除されているが，可能性がある場合には，$\neq$, $<$, $>$ (両側検定，左側検定，右側検定) の 3 通りがあることに注意する．

(2) 検定統計量の決定

仮説がいかなる統計量で検定できるか決定する．たとえば，母平均 μ に関する検定であれば，推定量として標本平均 $\overline{X}$ を用いる．大標本であれば正規分布となるので，

$$Z = \frac{\overline{X} - \mu}{\sqrt{\dfrac{\sigma^2}{n}}} \sim N(0,1) \quad \text{または} \quad Z = \frac{\overline{X} - \mu}{\sqrt{\dfrac{s^2}{n}}} \sim N(0,1)$$

を用いて，母平均 μ に関する仮説検定が可能となる．

(3) 棄却域の決定

有意水準に対応した検定統計量の値を**臨界値** (critical value) と呼び，この臨界値を超える検定統計値の領域を**棄却域** (rejection region) と呼ぶ．検定統計値がこの領域にあれば，帰無仮説を棄却し，残りの領域，**採択域** (region of acceptance) と呼ぶ，にあれば帰無仮説を棄却しない．ここで，検定統計値が採択域にあるからといって，積極的に仮説が正しいといっているわけではないことに注意を要する．

(4), (5) については，後で具体的に例で示す．

(6) 2 種類の過誤

仮説検定には，可能性として必ず過誤 (誤り) がついてくる．過誤には 2 種

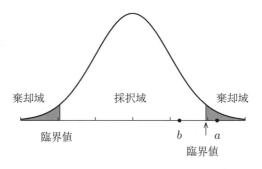

検定統計値が a のとき，帰無仮説は棄却され，
b のとき，棄却されない

図 8.1 両側検定の場合の棄却域

類のものがあり，それぞれ第 1 種，第 2 種の過誤と呼ばれている．

第 1 種の過誤 (type I error)：帰無仮説 H_0 が正しいにもかかわらず，
H_0 を棄却して，正しくない H_1 を採択する過誤

第 2 種の過誤 (type II error)：対立仮説 H_1 が正しいにもかかわらず，
H_0 を棄却せず，H_1 を採択しない過誤

これをまとめると，次の表のようになる．

	H_0 は正しい	H_0 は正しくない
H_0 を採択する	正しい判断	第 2 種の過誤
H_0 を棄却する	第 1 種の過誤	正しい判断

第 1 種の過誤を犯す確率を $P(I)$ で表すと，

$$P(I) = P(検定統計値が棄却域にある \,|H_0は正しい) \leqq \alpha$$

となり，有意水準 α で制御されている．

一方，第 2 種の過誤を犯す確率を $P(II)$ で表すと，

$$P(II) = P(検定統計値が採択域にある \,|H_1は正しい) = \beta$$

となり，H_0 が正しくないにもかかわらず，棄却されない確率は，一般には求めることができない．つまり，制御不能である．しかし，標本数を変化させることができれば，制御できることを，後で具体例に示す．

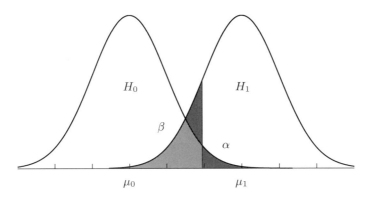

図 **8.2** 2 種類の過誤

8.2 平均値の検定

各種検定条件下での，検定統計量と確率分布を以下の表に示す.

分類	母集団の分布	標本の大きさ	母分散	検定統計量と分布
a	正規分布	任意	既知	$Z = \dfrac{\overline{X} - \mu}{\sqrt{\dfrac{\sigma^2}{n}}} \sim N(0, 1)$
b	正規分布	大標本	未知	$Z = \dfrac{\overline{X} - \mu}{\sqrt{\dfrac{s^2}{n}}} \approx N(0, 1)$
c	正規分布	小標本	未知	$Z = \dfrac{\overline{X} - \mu}{\sqrt{\dfrac{s^2}{n}}} \sim t(n-1)$
d	任意	大標本	既知	$Z = \dfrac{\overline{X} - \mu}{\sqrt{\dfrac{\sigma^2}{n}}} \approx N(0, 1)$
e	任意	大標本	未知	$Z = \dfrac{\overline{X} - \mu}{\sqrt{\dfrac{s^2}{n}}} \approx N(0, 1)$

ここで，大標本とは $n \geqq 30$，$t(n-1)$ は自由度 $n-1$ の t 分布，$\sim$ は分布に従うこと，$\approx$ は近似できることを意味している.

8.2.1 母集団が $N(\mu, \sigma^2)$ (σ^2は既知) の場合

母集団が正規分布に従い，分散が既知の場合の検定について考えてみる．検定すべき事柄を，次のように設定する．

> n 個の標本を抽出し，平均を求めたところ $\overline{x}_s$ となった．この結果から，この標本は母集団 $N(\mu_0, \sigma_0{}^2)$ ($\sigma_0{}^2$は既知) からの標本といえるか否か．有意水準 α で検定したい．

検定すべきは，標本を抽出した母集団の平均が μ_0 であるか否かということで，

(1) 帰無仮説 : $\mu = \mu_0$

　　対立仮説 : $\mu \neq \mu_0$

(2) 検定統計量 : $Z = \dfrac{\overline{X} - \mu_0}{\sqrt{\dfrac{\sigma_0{}^2}{n}}} \sim N(0, 1)$

(3) 有意水準 α での，両側検定だから，臨界値は $\pm z_{\alpha/2}$ となり，

　　棄却域は $(-\infty, -z_{\alpha/2})$ および $(z_{\alpha/2}, \infty)$

(4) 検定統計値 $z_s = \dfrac{\overline{x}_s - \mu_0}{\sqrt{\dfrac{\sigma_0{}^2}{n}}}$

(5) z_s が棄却域か採択域のどちらにあるか調べる．

(6) 棄却域にあれば，帰無仮説 H_0 を棄却して対立仮説 H_1 を採択する．

　　逆に，採択域にあれば H_0 は棄却できず，結論を保留する．

例題 8.1 ある大学では過去数年間，新入生に対してフレッシュマンテストをおこなっている．その結果から得点の平均は 135，標準偏差は 26 であった．今年度も同様な試験をし，無作為に選んだ 50 人の結果は 130 であった．今年度も得点変動は変わらないとしたとき，同じレベルであるといえるか，有意水準 5% で検定する．

解答 今年度の母集団の母平均 μ が以前と同じか否かを検定する．したがって，

(1) 帰無仮説 : $\mu = 135$

　　対立仮説 : $\mu \neq 135$

(2) 検定統計量 : $Z = \dfrac{\overline{X} - \mu_0}{\sqrt{\dfrac{\sigma_0{}^2}{n}}} \sim N(0, 1)$

(3) 有意水準 5% での，両側検定だから，臨界値は $\pm z_{0.025}$ となる．

棄却域は $(-\infty, -1.96)$ および $(1.96, \infty)$

(4) 検定統計値 $z_s = \dfrac{130 - 135}{\sqrt{\dfrac{26^2}{50}}} \fallingdotseq -1.36$

(5) z_s は採択域にある．

(6) H_0 は棄却できず，例年とそれほど違わないと結論する．

● Excel 実行例

	A	B	C	D	E
1	得点	平均	標準偏差	標本数	
2	過去	135	26		
3	今年度	130	26	50	
4					
5	帰無仮説: μ =135		対立仮説: $\mu \neq$ 135	(両側検定)	
6					
7	検定統計量が従う分布			標準正規分布	
8					
9	標準正規分布の臨界値				
10	z_0.025=	-1.95996	←	=NORM.S.INV(0.025)	
11	z_0.975=	1.959964	←	=NORM.S.INV(0.975)	
12					
13	棄却域: (-∞, -1.96), (1.96, ∞)				
14					
15	検定統計量				
16	-1.35982	←	=(B3-B2)/SQRT(C3^2/D3)		
17					
18	結論:採択域にあり、棄却されない(保留)				

練習 8.1 ある会社では，長さ $1.55\,\mathrm{cm}$ の車の精密部品を製造している．しかしこのところ，返品率が高くなったようで，本日の製品の中から無作為に 10 個を取り出したところ，

$$1.53, 1.54, 1.57, 1.56, 1.53, 1.55, 1.57, 1.53, 1.55, 1.52$$

であった．これまでの製造過程は変わっていないので，分散は 0.0001 であることがわかっている．この日も仕様通りに製造されているか否かを，有意水準 5% で検定せよ．

$$\left[z_s = -1.58 > -1.96 = z_{0.025}, \text{棄却されない} \right]$$

8.2.2 母集団が $N(\mu, \sigma^2)$ (σ^2 は未知) の場合

母集団が正規分布に従い，分散が未知の場合の検定について考えてみる．検定すべき事柄を，次のように設定する．

> ある正規分布する母集団から，n ($n < 30$) 個の標本を抽出し，平均と分散を求めたところ $\overline{x}_s, s_s{}^2$ となった．この結果から，母集団の平均値は μ_0 といえるか否か．ただし，単純な数値比較では $\overline{x}_s < \mu_0$ となっている．有意水準 α で検定したい．

検定すべきは，標本分散 $s_s{}^2$ を用いて，母集団の平均が μ_0 であるか否かということで，

(1) 帰無仮説：$\mu = \mu_0$

　　対立仮説：$\mu < \mu_0$　　(左側検定)

(2) 検定統計量：$Z = \dfrac{\overline{X} - \mu_0}{\sqrt{\dfrac{s_s{}^2}{n}}} \sim t(n-1)$

(3) 有意水準 α での，左側検定だから，臨界値は $-t_{n-1,\alpha}$ となり，
　　棄却域は $(-\infty, -t_{n-1,\alpha})$

(4) 検定統計値 $z_s = \dfrac{\overline{x}_s - \mu_0}{\sqrt{\dfrac{s_s{}^2}{n}}}$

(5) z_s が棄却域か採択域のどちらにあるか調べる．

(6) 棄却域にあれば，帰無仮説 H_0 を棄却して対立仮説 H_1 を採択する．
　　逆に，採択域にあれば H_0 は棄却できず，結論を保留する．

例題 8.2　ある会社の精密パイプのパンフレットには，強度 $10\,\mathrm{kg/cm^2}$ であるとしている．そこで，20 本のパイプについて強度を調べた結果，標本平均 $9.5\,\mathrm{kg/cm^2}$，標本分散 1.5 であった．このことから，パンフレット通りの製品であるか否かを有意水準 5% で検定する．

解答　この会社の製品全体の母平均 μ がパンフレットの数値と同じか否かを検定する．したがって，

(1) 帰無仮説：$\mu = 10$

　　対立仮説：$\mu < 10$　　(10 以上あれば問題ないので左側検定)

(2) 検定統計量：$Z = \dfrac{\overline{X} - \mu_0}{\sqrt{\dfrac{s^2}{n}}} \sim t(n - 1)$

(3) 有意水準 5% での，左側検定だから，臨界値は $t_{19, 0.05}$ となる．
棄却域は $(-\infty, -1.729)$

(4) 検定統計値 $z_s = \dfrac{9.5 - 10}{\sqrt{\dfrac{1.5}{20}}} \fallingdotseq -1.83$

(5) z_s は棄却域にある．

(6) H_0 は棄却されて，パンフレット通りの製品とはいえないと結論する．

● **Excel 実行例**

	A	B	C	D	E
1	標本数	20			
2	標本平均	9.5			
3	標本分散	1.5			
4					
5	帰無仮説: $\mu = 10$		対立仮説:	$\mu < 10$ (左側検定)	
6					
7	検定統計量が従う分布			自由度19のt分布	
8					
9	t分布の臨界値				
10	t_0.05(19)=	1.729133	←	=T.INV.2T(0.1,19)	
11					
12	棄却域: $(-\infty, -1.729)$				
13					
14	検定統計値				
15	-1.825742	←	=(B2-10)/SQRT(B3/B1)		
16					
17	結論: 棄却域にあり、棄却される				

練習 8.2 ある会社では，長さ 1.55 cm の車の精密部品を製造している．しかしこのところ，返品率が高くなったようで，本日の製品の中から無作為に 10 個を取り出したところ，

$$1.53, 1.54, 1.57, 1.56, 1.53, 1.55, 1.57, 1.53, 1.55, 1.52$$

であった．この部品が仕様通りに製造されているか否かを，有意水準 5% で検定せよ．

$$[z_s = -0.89 > -2.26 = t_{9, 0.05}, \ 棄却されない]$$

8.3 分散の検定

8.3.1 母平均が既知の場合

大きさ n の標本による母分散 σ^2 の検定統計量は,

$$T = \sum_{i=1}^{n} \left(\frac{X_i - \mu}{\sigma} \right)^2 = \frac{nS^2}{\sigma^2}$$

ただし,

$$S^2 = \frac{1}{n} \sum_{i=1}^{n} (X_i - \mu)^2$$

が自由度 n の χ^2 分布に従うことを利用する.

検定すべき事柄を, 次のように設定する.

平均 μ の正規母集団から, $n\ (n < 30)$ 個の標本を抽出し, 分散を求めたところ $S_s{}^2$ となった. この結果から, 母集団の分散は $\sigma_0{}^2$ といえるか否か. 有意水準 α で検定したい.

検定すべきは, 検定統計量 T を用いて, 母分散が $\sigma_0{}^2$ であるか否かということで,

(1) 帰無仮説 : $\sigma^2 = \sigma_0{}^2$

　　対立仮説 : $\sigma^2 \neq \sigma_0{}^2$

(2) 検定統計量 : $T = \dfrac{nS^2}{\sigma_0{}^2} \sim \chi^2(n)$

(3) 有意水準 α での両側検定だから, 臨界値は自由度 n での
　　$\chi_{1-\alpha/2}{}^2$ と $\chi_{\alpha/2}{}^2$ となり, 棄却域は $(0, \chi_{1-\alpha/2}{}^2)$ および $(\chi_{\alpha/2}{}^2, \infty)$

(4) 検定統計値 $t_s = \dfrac{nS_s{}^2}{\sigma_0{}^2}$

(5) t_s が棄却域か採択域のどちらにあるか調べる.

(6) 棄却域にあれば, 帰無仮説 H_0 を棄却して対立仮説 H_1 を採択する.
　　逆に, 採択域にあれば H_0 は棄却できず, 結論を保留する.

例題 8.3 ある会社で製造する製品の長さは, 平均で 3.49 である. 分散が 0.001 と大きいので, 製造ラインの一部を新しくした. 新規のラインで製造された

製品を無作為に 10 個抽出して長さを測ったところ

$$3.51, 3.45, 3.52, 3.51, 3.49, 3.50, 3.46, 3.49, 3.50, 3.48$$

であった．このラインの更新により製品の長さのばらつきが改善されたといえるか否かを，有意水準 5% で検定せよ．

[解答]　言いたいことは，ばらつきが小さくなったことである．したがって，検定は，

(1)　帰無仮説：$\sigma^2 = 0.001$
　　　対立仮説：$\sigma^2 < 0.001$　　（左側検定）

(2)　検定統計量：$T = \dfrac{10S^2}{0.001} \sim \chi^2(10)$　　（母平均が既知）

　　　$S^2 = \dfrac{1}{10} \sum_{i=1}^{10} (x_i - 3.49)^2$

(3)　有意水準 5% での左側検定だから，臨界値は ${\chi_{10,0.05}}^2 = 3.940$ となり，棄却域は $(0, 3.940)$

(4)　検定統計値 $t_s = \dfrac{10 \times 0.00045}{0.001} \fallingdotseq 4.5$

(5)　t_s は採択域にある．

(6)　ばらつきは，変わらないと考えられる．

● Excel 実行例

	A	B	C	D	E	F	G
1	旧ライン	平均 μ		3.49	分散	0.001		
2								
3	新ライン	No.	データ x_i	$(x_i-\mu)^2$			
4		1	3.51	0.0004			
5		2	3.45	0.0016			
6		3	3.52	0.0009			
7		4	3.51	0.0004			
8		5	3.49	0			
9		6	3.5	1E-04			
10		7	3.46	0.0009			
11		8	3.49	0			
12		9	3.5	1E-04			
13		10	3.48	0.0001			
14			分散	0.00045	←	=SUM(D4:D13)/10	
15							
16	帰無仮説: $\sigma^2 = 0.001$		対立仮説: $\sigma^2 < 0.001$		(左側検定)		
17							
18	検定統計量が従う分布			自由度10の χ^2 分布			
19							
20	χ^2 分布の臨界値						
21	$\chi^2{}_{0.95}(10) =$		3.940299		←	=CHISQ.INV.RT(0.95,10)	
22							
23	棄却域:(0,3.94)						
24							
25	検定統計値						
26	4.5	←	=10*D14/E1				
27							
28	結論: 採択域にあり、棄却されない(保留)						

8.3.2 母平均が未知の場合

分散の検定には，母分散 σ^2 の区間推定で示したように，

$$T = \sum_{i=1}^{n} \left(\frac{X_i - \overline{X}}{\sigma} \right)^2 = \frac{(n-1)s^2}{\sigma^2}$$

が自由度 $n-1$ の χ^2 分布に従うことを利用する．

検定すべき事柄を，次のように設定する．

> ある正規分布する母集団から，n $(n < 30)$ 個の標本を抽出し，平均と分散を求めたところ $\overline{x}_s, s_s{}^2$ となった．この結果から，母集団の分散は $\sigma_0{}^2$ といえるか否か．有意水準 α で検定したい．

検定すべきは，検定統計量 T を用いて，母分散が $\sigma_0{}^2$ であるか否かというこ

とで，

(1) 帰無仮説 : $\sigma^2 = \sigma_0{}^2$
    対立仮説 : $\sigma^2 \neq \sigma_0{}^2$

(2) 検定統計量 : $T = \dfrac{(n-1)s^2}{\sigma_0{}^2} \sim \chi^2(n-1)$

(3) 有意水準 α での両側検定だから，臨界値は自由度 $n-1$ での
    $\chi_{1-\alpha/2}{}^2$ と $\chi_{\alpha/2}{}^2$ となり，棄却域は $(0, \chi_{1-\alpha/2}{}^2)$ および $(\chi_{\alpha/2}{}^2, \infty)$

(4) 検定統計値 $t_s = \dfrac{(n-1)s_s{}^2}{\sigma_0{}^2}$

(5) t_s が棄却域か採択域のどちらにあるか調べる.

(6) 棄却域にあれば，帰無仮説 H_0 を棄却して対立仮説 H_1 を採択する.
    逆に，採択域にあれば H_0 は棄却できず，結論を保留する.

例題 8.4 ある製造ラインから製造される製品の重さのばらつきが，大きく
なったのではないかと管理部から報告が上がった．無作為に 10 個を抽出し
て重さを測定したところ，

$$3.51, 3.45, 3.52, 3.51, 3.49, 3.50, 3.46, 3.49, 3.50, 3.48$$

であった．正常な場合には分散は 0.0003 であることがわかっている．現在
の製造ラインは正常であるといえるか否かを，有意水準 5% で検定せよ.

[解答] 言いたいことは，ばらつきが大きくなったことである．したがって，検定は，

(1) 帰無仮説 : $\sigma^2 = 0.0003$
    対立仮説 : $\sigma^2 > 0.0003$

(2) 検定統計量 : $T = \dfrac{(10-1)s^2}{0.0003} \sim \chi^2(10-1)$ （母平均が未知）

$$s^2 = \frac{1}{10-1} \sum_{i=1}^{10} (x_i - \overline{x})^2$$

(3) 有意水準 5% での右側検定だから，臨界値は $\chi_{9,0.05}{}^2 = 16.919$ となり，
    棄却域は $(16.919, \infty)$

(4) 検定統計値 $t_s = \dfrac{9 \times 0.0005}{0.0003} \fallingdotseq 15.0$

(5) t_s は採択域にある.

(6) ばらつきは，変わらないと考えられる.

	A	B	C	D	E	F
1	No.	重さ				
2	1	3.51				
3	2	3.54				
4	3	3.52				
5	4	3.51				
6	5	3.49				
7	6	3.5				
8	7	3.46				
9	8	3.49				
10	9	3.5				
11	10	3.48				
12	標本分散	0.000489	←		=VAR.S(B2:B11)	
13						
14	帰無仮説: σ^2 =0.0003			対立仮説: $\sigma^2 > 0.0003$ (右側検定)		
15						
16	検定統計量が従う分布			自由度9の χ^2分布		
17						
18	χ^2分布 の臨界値					
19	$\chi^2\_0.05(9) =$		16.91898	←	=CHISQ.INV.RT(0.05,9)	
20						
21	棄却域: (16.919, ∞)					
22						
23	検定統計値					
24	14.66667	←	=9*B12/0.0003			
25						
26	結論: 採択域にあり、棄却されない (保留)					

練習 8.3 ある会社で製造する製品は，長さの分散が 0.0025 と大きいので，製造ラインの一部を新しくした．新規のラインで製造された製品を無作為に 10 個抽出して長さを測ったところ

$$3.51, 3.45, 3.52, 3.51, 3.49, 3.50, 3.46, 3.49, 3.50, 3.48$$

であった．このラインの更新により製品の長さのばらつきが改善されたといえるか否かを，有意水準 5% で検定せよ．

$$\left[t_s = 1.796 < 3.325 = \chi_{9, 0.95}{}^2, \text{改善された} \right]$$

8.4 平均の差の検定

2 組の母集団から抽出された，2 組の標本の統計量をもとに，2 組の母集団の平均に差が認められるか否かを検定する方法について述べる．母分散が既知か否か，大標本か否かによって方法が異なるので，それぞれの検定方法について

述べる.

8.4.1 母分散が既知の場合

2つの母集団が正規分布に従い,それぞれの分散が既知の場合の検定について考えてみる.検定すべき事柄を,次のように設定する.

正規分布 $N(\mu_1, \sigma_1{}^2)$ から m 個の標本を抽出し,平均を求めたところ $\overline{x}_1$ となった.また,正規分布 $N(\mu_2, \sigma_2{}^2)$ から n 個の標本を抽出し,平均を求めたところ $\overline{x}_2$ となった.この結果から,2つの母集団の母平均 μ_1, μ_2 は,等しいといえるか否か.有意水準 α で検定したい.

確率変数 X および Y が,正規分布 $N(\mu_1, \sigma_1{}^2)$ および $N(\mu_2, \sigma_2{}^2)$ に従うとき,確率変数 $X - Y$ は,正規分布の再生性から,$N(\mu_1 - \mu_2, \sigma_1{}^2 + \sigma_2{}^2)$ に従う.これより,検定すべきは,2つの母平均 μ_1, μ_2 が等しいか否かということで,

(1) 帰無仮説:$\mu_1 = \mu_2$

   対立仮説:$\mu_1 \neq \mu_2$

(2) 検定統計量:$Z = \dfrac{\overline{X}_1 - \overline{X}_2}{\sqrt{\dfrac{\sigma_1{}^2}{m} + \dfrac{\sigma_2{}^2}{n}}} \sim N(0, 1)$

(3) 有意水準 α での,両側検定だから,臨界値は $\pm z_{\alpha/2}$ となり,

   棄却域は $(-\infty, -z_{\alpha/2})$ および $(z_{\alpha/2}, \infty)$

(4) 検定統計値 $z_s = \dfrac{\overline{x}_1 - \overline{x}_2}{\sqrt{\dfrac{\sigma_1{}^2}{m} + \dfrac{\sigma_2{}^2}{n}}}$

(5) z_s が棄却域か採択域のどちらにあるか調べる.

(6) 棄却域にあれば,帰無仮説 H_0 を棄却して対立仮説 H_1 を採択する.

   逆に,採択域にあれば H_0 は棄却できず,結論を保留する.

例題 8.5   2つの県 A,B の成人男子の食塩摂取量を比較する.A 県男子 120名の平均は 16.2 g で,母分散は 3.24.B 県男子 220 名の平均は 15.5 g,母分散は 2.56 であった.2つの県の成人男子の食塩摂取量に差があるか否かを,有意水準 1% で検定せよ.

解答   2つの県の成人男子の食塩摂取量は,正規母集団 $N(\mu_1, 3.24), N(\mu_2, 2.56)$ に

従うので，

(1) 帰無仮説：$\mu_1 = \mu_2$
    対立仮説：$\mu_1 \neq \mu_2$

(2) 検定統計量：$Z = \dfrac{\overline{X}_1 - \overline{X}_2}{\sqrt{\dfrac{\sigma_1{}^2}{m} + \dfrac{\sigma_2{}^2}{n}}} \sim N(0, 1)$

(3) 有意水準 1% での，両側検定だから，臨界値は $\pm z_{0.005}$ となり，
    棄却域は $(-\infty, -2.58)$ および $(2.58, \infty)$

(4) 検定統計値 $z_s = \dfrac{16.2 - 15.5}{\sqrt{\dfrac{3.24}{120} + \dfrac{2.56}{220}}} \fallingdotseq 3.561$

(5) $z_s = 3.561$ は棄却域にある．

(6) 帰無仮説 H_0 を棄却して対立仮説 H_1 を採択する．したがって，有意水準 1% で
    差が認められる．

● Excel 実行例

	A	B	C	D	E
1		A県	B県		
2	標本数	120	220		
3	平均	16.2	15.5		
4	母分散	3.24	2.56		
5					
6	帰無仮説:	$\mu_1 = \mu_2$	対立仮説	$\mu_1 \neq \mu_2$	
7					
8	検定統計量が従う分布				
9					
10	標準正規分布の臨界値				
11	z_0.005=	-2.57583	←	=NORM.S.INV(0.005)	
12	z_0.995=	2.575829	←	=NORM.S.INV(0.995)	
13					
14	棄却域:(-∞, -2.58), (2.58, ∞)				
15					
16	検定統計値				
17	3.561229	←	=(B3-C3)/SQRT(B4/B2+C4/C2)		
18					
19	結論: 棄却域にあり、差が認められる				

練習 8.4 脂肪肝患者 15 名と健常者 20 名の血清総コレステロール値
(mg/dL) を比較する．それぞれの平均は 258.3 および 179.8 であった．ま
た，それぞれは $N(\mu_1, 918), N(\mu_2, 666)$ からの標本であるとする．脂肪肝患
者と健常者で有意な差が認められるか否かを，有意水準 1% で検定せよ．

$$\left[z_s = 8.08 > 2.58 = z_{0.005}, \text{ 有意な差が認められる} \right]$$

8.4.2　母分散が未知で大標本の場合

2 つの母集団が正規分布に従い，それぞれの分散が未知で大標本の場合の検定について考えてみる．大標本の場合，母分散を標本分散で近似できることを利用して検定を進める．検定すべき事柄を，次のように設定する．

正規分布 $N(\mu_1, \sigma_1{}^2)$ から m $(m \geqq 30)$ 個の標本を抽出し，平均と分散を求めたところ $\overline{x}_1$ および $s_1{}^2$ となった．また，正規分布 $N(\mu_2, \sigma_2{}^2)$ から n $(n \geqq 30)$ 個の標本を抽出し，平均と分散を求めたところ $\overline{x}_2$ および $s_2{}^2$ となった．この結果から，2 つの母集団の母平均 μ_1, μ_2 は，等しいといえるか否か．有意水準 α で検定したい．

検定すべきは，母分散 $\sigma_1{}^2, \sigma_2{}^2$ が未知のもとで，2 つの母平均 μ_1, μ_2 が等しいか否かということで，

(1)　帰無仮説：$\mu_1 = \mu_2$
　　　対立仮説：$\mu_1 \neq \mu_2$

(2)　検定統計量：$Z = \dfrac{\overline{X}_1 - \overline{X}_2}{\sqrt{\dfrac{s_1{}^2}{m} + \dfrac{s_2{}^2}{n}}} \sim N(0, 1)$

(3)　有意水準 α での，両側検定だから，臨界値は $\pm z_{\alpha/2}$ となり，
　　　棄却域は $(-\infty, -z_{\alpha/2})$ および $(z_{\alpha/2}, \infty)$

(4)　検定統計値 $z_s = \dfrac{\overline{x}_1 - \overline{x}_2}{\sqrt{\dfrac{s_1{}^2}{m} + \dfrac{s_2{}^2}{n}}}$

(5)　z_s が棄却域か採択域のどちらにあるか調べる．

(6)　棄却域にあれば，帰無仮説 H_0 を棄却して対立仮説 H_1 を採択する．
　　　逆に，採択域にあれば H_0 は棄却できず，結論を保留する．

例題 8.6　スウェーデン人男性 416 名と女性 233 名の脳重量を測定した結果，それぞれ平均 $\overline{x} = 1400.5$，分散 $s_x{}^2 = 11541.9$，および平均 $\overline{y} = 1252.7$，分散 $s_y{}^2 = 10405.0$ であった．このとき，男と女の脳重量に差があるか否かを，有意水準 1% で検定する．

[解答]　検定すべきは，母分散 $\sigma_x{}^2, \sigma_y{}^2$ が未知のもとで，2つの母平均 μ_x, μ_y に差があるか否かということである．大標本であるため，$\sigma_x{}^2 = s_x{}^2, \sigma_y{}^2 = s_y{}^2$ と仮定できるので，

(1)　帰無仮説：$\mu_x = \mu_y$

　　　対立仮説：$\mu_x \neq \mu_y$

(2)　検定統計量：$Z = \dfrac{\overline{X}_x - \overline{X}_y}{\sqrt{\dfrac{s_x{}^2}{m} + \dfrac{s_y{}^2}{n}}} \sim N(0, 1)$

(3)　有意水準 1% での，両側検定だから，臨界値は $\pm z_{0.005}$ となり，
　　　棄却域は $(-\infty, -2.58)$ および $(2.58, \infty)$

(4)　検定統計値 $z_s = \dfrac{1400.5 - 1252.7}{\sqrt{\dfrac{11541.9}{416} + \dfrac{10405.0}{233}}} \fallingdotseq 17.37$

(5)　$z_s = 17.37$ は棄却域にある．

(6)　帰無仮説 H_0 を棄却して対立仮説 H_1 を採択する．男女の平均脳重量には差が有り，男性が $150\,\mathrm{g}$ ほど重い．

● **Excel 実行例**

	A	B	C	D	E
1		男性	女性		
2	標本数	416	233		
3	標本平均	1400.5	1252.7		
4	標本分散	11541.9	10405		
5					
6	帰無仮説:	$\mu_1 = \mu_2$	対立仮説:	$\mu_1 \neq \mu_2$	(両側検定)
7					
8	検定統計量が従う分布			標準正規分布	
9					
10	標準正規分布の臨界値				
11	z_0.005=	-2.57583	←	=NORM.S.INV(0.005)	
12	z_0.995=	2.575829	←	=NORM.S.INV(0.995)	
13					
14	棄却域:(-∞, -2.58), (2.58, ∞)				
15					
16	検定統計値				
17	17.37002	←	=(B3-C3)/SQRT(B4/B2+C4/C2)		
18					
19	結論: 棄却域にあり、差が認められる				

練習 **8.5**　脂肪肝患者 35 名と健常者 40 名の血清総コレステロール値を比較する．それぞれ標本の平均は 258.3 および 179.8，分散は 918 および 666

であった. この結果から, 脂肪肝患者と健常者で有意な差が認められるか否かを, 有意水準 1% で検定せよ.

$$\left[z_s = 12.0 > 2.58 = z_{0.005}, \text{ 有意な差が認められる}\right]$$

8.4.3 母分散は未知だが同じ場合

2 つの母集団が正規分布に従い, それぞれの分散は未知だが, 同じであると仮定できる場合の検定について考えてみる. 検定すべき事柄を, 次のように設定する.

正規分布 $N(\mu_1, \sigma_1{}^2)$ から m $(m < 30)$ 個の標本を抽出し, 平均と分散を求めたところ $\overline{x}_1$ および $s_1{}^2$ となった. また, 正規分布 $N(\mu_2, \sigma_2{}^2)$ から n $(n < 30)$ 個の標本を抽出し, 平均と分散を求めたところ $\overline{x}_2$ および $s_2{}^2$ となった. この結果から, 2 つの母集団の母平均 μ_1, μ_2 は, 等しいといえるか否か. ただし, $\sigma_1{}^2 = \sigma_2{}^2$ とする. 有意水準 α で検定したい.

ここで $S^2 = \dfrac{(m-1)s_1{}^2 + (n-1)s_2{}^2}{m+n-2}$ とおくと,

$$\frac{S^2}{\sigma^2} = \frac{1}{m+n-2}\left\{\underbrace{\sum_{i=1}^{m}\left(\frac{X_{1i} - \overline{X}_1}{\sigma}\right)^2}_{\chi^2(m-1)} + \underbrace{\sum_{i=1}^{n}\left(\frac{X_{2i} - \overline{X}_2}{\sigma}\right)^2}_{\chi^2(n-1)}\right\}$$
$$\underbrace{\phantom{\frac{S^2}{\sigma^2} = \frac{1}{m+n-2}\left\{\sum_{i=1}^{m}\left(\frac{X_{1i}}{\sigma}\right)^2\right\}}}_{\chi^2(m+n-2)}$$

より, 検定統計量を

$$T = \frac{\overline{X}_1 - \overline{X}_2}{\sqrt{\left(\dfrac{1}{m} + \dfrac{1}{n}\right)S^2}} = \frac{\dfrac{\overline{X}_1 - \overline{X}_2 - (\mu_1 - \mu_2)}{\sigma\sqrt{\dfrac{1}{m} + \dfrac{1}{n}}}}{\sqrt{\dfrac{S^2}{\sigma^2}}}$$

とすれば, $T \sim t(m+n-2)$ となり, t 分布による検定が可能となる.

したがって, 検定すべきは, 母分散 $\sigma_1{}^2 = \sigma_2{}^2 = \sigma^2$ が未知のもとで, 2 つの母平均 μ_1, μ_2 が等しいか否かを t 検定することになる.

(1) 帰無仮説 : $\mu_1 = \mu_2$

対立仮説 : $\mu_1 \neq \mu_2$

(2) 検定統計量 : $T = \dfrac{\overline{X}_1 - \overline{X}_2}{\sqrt{\left(\dfrac{1}{m} + \dfrac{1}{n}\right) S^2}} \sim t(m+n-2)$

(3) 有意水準 α での，両側検定だから，臨界値は $\pm t_{m+n-2,\,\alpha/2}$ となり，

棄却域は $(-\infty, -t_{m+n-2,\,\alpha/2})$ および $(t_{m+n-2,\,\alpha/2}, \infty)$

(4) 検定統計値 $t_s = \dfrac{\overline{x}_1 - \overline{x}_2}{\sqrt{\left(\dfrac{1}{m} + \dfrac{1}{n}\right) S^2}}$

ただし，$S^2 = \dfrac{(m-1){s_1}^2 + (n-1){s_2}^2}{m+n-2}$

(5) t_s が棄却域か採択域のどちらにあるか調べる.

(6) 棄却域にあれば，帰無仮説 H_0 を棄却して対立仮説 H_1 を採択する.

逆に，採択域にあれば H_0 は棄却できず，結論を保留する.

例題 8.7　同種類のゴーヤを愛知県と長野県で生育し，収穫される 1 本当りの

ゴーヤの収量を比較したところ，それぞれ

愛知県 : $9, 10, 8, 12, 7, 9, 11, 12, 8, 10, 13, 11$

長野県 : $6, 8, 11, 10, 8, 3, 9, 10$

であった. 同一品種により分散に差がないと仮定したとき，温暖な気候と寒

冷な気候で収量に差があるか否かを，有意水準 5% で検定せよ.

[解答]　等分散での小標本の比較である. したがって，検定は

(1) 帰無仮説 : $\mu_1 = \mu_2$

対立仮説 : $\mu_1 > \mu_2$　(右側検定)

(2) 検定統計量 : $T = \dfrac{\overline{X}_1 - \overline{X}_2}{\sqrt{\left(\dfrac{1}{m} + \dfrac{1}{n}\right) S^2}} \sim t(m+n-2)$

(3) 有意水準 5% での，右側検定だから，臨界値は $t_{18,0.05}$ となり，

棄却域は $(1.734, \infty)$

(4) 検定統計値 $t_s = \dfrac{10 - 8.125}{\sqrt{\left(\dfrac{1}{12} + \dfrac{1}{8}\right)4.715}} \fallingdotseq 1.786$

(5) t_s は棄却域にある.

(6) 帰無仮説 H_0 を棄却して対立仮説 H_1 を採択する．つまり，温暖な地域での収量が多いことになる．

● **Excel 実行例**

	A	B	C	D	E	F	G	H
1	No.	愛知県	長野県					
2	1	9	6					
3	2	10	8					
4	3	8	11					
5	4	12	10					
6	5	7	8					
7	6	9	3					
8	7	11	9					
9	8	12	10					
10	9	8						
11	10	10						
12	11	13						
13	12	11						
14	標本平均=	10	8.125	←	=AVERAGE(B2:B13)		=AVERAGE(C2:C9)	
15	標本分散=	3.454545	6.696429	←	=VAR.S(B2:B13)		=VAR.S(C2:C9)	
16								
17	2群の標本分散=		4.715278	←	=((12-1)*B15+(8-1)*C15)/(12+8-2)			
18								
19	帰無仮説:	$\mu_1 = \mu_2$	対立仮説	$\mu_1 > \mu_2$	(右側検定)			
20								
21	検定統計量が従う分布			自由度18のt分布				
22								
23	自由度18のt分布の臨界値							
24	t_0.05(18)=	1.734064	←	=T.INV.2T(0.1,18)				
25								
26	棄却域: (1.734, ∞)							
27								
28	検定統計値							
29	1.8917696	←	=(B14-C14)/SQRT((1/12+1/8)*C17)					
30								
31	結論: 棄却域にあり、差が認められる							

練習 **8.6** 利根川水系に棲息しているイワナ 12 匹と信濃川水系に棲息しているイワナ 8 匹の体長を調べてみた．それぞれ，平均 179.7，分散 1211.87 および平均 213.3，分散 2563.65 であった．どちらの水系のイワナの体長のばらつきも等しいと仮定したとき，信濃川水系のイワナの方が大きいといえるか．有意水準 5% で検定せよ．

$$[t_s = -1.766 < -1.734 = t_{18, 0.05}, \text{信濃川水系の方が大きい}]$$

8.4.4 母分散が共に未知の場合

2 つの母集団が正規分布に従い，それぞれの分散が未知の場合の検定について考えてみる．検定すべき事柄を，次のように設定する．

正規分布 $N(\mu_1, \sigma_1{}^2)$ から m $(m < 30)$ 個の標本を抽出し，平均と分散を求めたところ $\overline{x}_1$ および $s_1{}^2$ となった．また，正規分布 $N(\mu_2, \sigma_2{}^2)$ から n $(n < 30)$ 個の標本を抽出し，平均と分散を求めたところ $\overline{x}_2$ および $s_2{}^2$ となった．この結果から，2 つの母集団の母平均 μ_1, μ_2 は，等しいといえるか否か．有意水準 α で検定したい．

これは，**ウェルチの検定** (Welch's test) と呼ばれる検定統計量を用いて検定する．

$$T = \frac{\overline{X}_1 - \overline{X}_2}{\sqrt{\dfrac{s_1{}^2}{m} + \dfrac{s_2{}^2}{n}}}$$

ただし，

$$s_1{}^2 = \frac{1}{m-1} \sum_{i=1}^{m} (X_{1i} - \overline{X}_1)^2, \; s_2{}^2 = \frac{1}{n-1} \sum_{i=1}^{n} (X_{2i} - \overline{X}_2)^2$$

とすれば，$T \sim t(k)$ となり，t 分布による検定が可能となる．この自由度 k は，

$$k = \frac{\left(\dfrac{s_1{}^2}{m} + \dfrac{s_2{}^2}{n} \right)^2}{\dfrac{s_1{}^4}{m^2(m-1)} + \dfrac{s_2{}^4}{n^2(n-1)}}$$

したがって，検定すべきは，母分散が未知のもとで，2 つの母平均 μ_1, μ_2 が等しいか否かを t 検定することになる．

(1) 帰無仮説：$\mu_1 = \mu_2$

対立仮説：$\mu_1 \neq \mu_2$

(2) 検定統計量：$T = \dfrac{\overline{X}_1 - \overline{X}_2}{\sqrt{\dfrac{s_1{}^2}{m} + \dfrac{s_2{}^2}{n}}} \sim t(k)$

(3) 有意水準 α での，両側検定だから，臨界値は $\pm t_{k,\alpha/2}$ となり，
    棄却域は $(-\infty, -t_{k,\alpha/2})$ および $(t_{k,\alpha/2}, \infty)$

(4) 検定統計値 $t_s = \dfrac{\overline{x}_1 - \overline{x}_2}{\sqrt{\dfrac{{s_1}^2}{m} + \dfrac{{s_2}^2}{n}}}$

(5) t_s が棄却域か採択域のどちらにあるか調べる．

(6) 棄却域にあれば，帰無仮説 H_0 を棄却して対立仮説 H_1 を採択する．
    逆に，採択域にあれば H_0 は棄却できず，結論を保留する．

例題 8.8 同種類のゴーヤを愛知県と長野県で生育し，収穫される 1 本当りの
ゴーヤの収量を比較したところ，それぞれ

$$\text{愛知県}: 9, 10, 8, 12, 7, 9, 11, 12, 8, 10, 13, 11$$

$$\text{長野県}: 6, 8, 10, 10, 8, 3, 9, 10$$

であった．温暖な気候と寒冷な気候で収量に差があるか否かを，有意水準
5% で検定せよ．

〔解答〕 ウェルチの検定により，

(1) 帰無仮説：$\mu_1 = \mu_2$
    対立仮説：$\mu_1 > \mu_2$ （右側検定）

(2) 検定統計量：$T = \dfrac{\overline{X}_1 - \overline{X}_2}{\sqrt{\dfrac{{s_1}^2}{m} + \dfrac{{s_2}^2}{n}}} \sim t(k)$

ただし，自由度 k は，

$$k = \frac{\left(\dfrac{{s_1}^2}{m} + \dfrac{{s_2}^2}{n}\right)^2}{\dfrac{{s_1}^4}{m^2(m-1)} + \dfrac{{s_2}^4}{n^2(n-1)}} = \frac{\left(\dfrac{3.455}{12} + \dfrac{6}{8}\right)^2}{\dfrac{3.455^2}{12^2(12-1)} + \dfrac{6^2}{8^2(8-1)}} = 12.26$$

(3) 有意水準 5% での，右側検定だから，臨界値は $t_{12,0.05}$ となり，
    棄却域は $(1.782, \infty)$

(4) 検定統計値 $t_s = \dfrac{10 - 8}{\sqrt{\dfrac{3.455}{12} + \dfrac{6}{8}}} \fallingdotseq 1.963$

(5) t_s は棄却域にある．

(6) 帰無仮説 H_0 を棄却して対立仮説 H_1 を採択する．つまり，温暖な地域での収量が多いことになる．

● **Excel 実行例**

	A	B	C	D	E	F	G	H
1	No.	愛知県	長野県					
2	1	9	6					
3	2	10	8					
4	3	8	10					
5	4	12	10					
6	5	7	8					
7	6	9	3					
8	7	11	9					
9	8	12	10					
10	9	8						
11	10	10						
12	11	13						
13	12	11						
14	標本平均=	10	8	←	=AVERAGE(B2:B13)		=AVERAGE(C2:C9)	
15	標本分散=	3.454545	6	←	=VAR.S(B2:B13)		=VAR.S(C2:C9)	
16								
17	t分布の自由度							
18	12.255981	←		=(B15/12+C15/8)^2/(B15^2/12^2/(12-1)+C15^2/8^2/(8-1))				
19								
20	帰無仮説:	$\mu_1 = \mu_2$	対立仮説	$\mu_1 > \mu_2$	(右側検定)			
21								
22	検定統計量が従う分布			自由度12のt分布				
23								
24	自由度12のt分布の臨界値							
25	t_0.05(12)=	1.782288	←	=T.INV.2T(0.1,12)				
26								
27	棄却域: (1.782, ∞)							
28								
29	検定統計値							
30	1.9631644	←		=(B14-C14)/SQRT(B15/12+C15/8)				
31								
32	結論: 棄却域にあり、差がある							

8.5 対応ある2群の平均の差の検定

これまで述べた対応のない2群の平均の差の検定方法では，個体間の差によってばらつきが大きくなる．つまり，誤差が大きくなって，2群の差が発見しにくくなる．また，確率変数 X, Y は関連しており，独立性は成り立っていない．そこで，予め対応ある標本間の差を求めてから，差を検定することで，こうした影響をなくすことが可能となる．

検定すべき事柄を，次のように設定する．

対になった n 個の標本 X_i, Y_i $(i = 1, 2, \cdots, n)$ を抽出し，差 $d_i = X_i - Y_i$ を求め，平均と分散を求めたところ $\overline{d}$ および $s_d{}^2$ となった．この結果から，2群に差があるといえるか否か．有意水準 α で検定したい．

この差 d_i は，分散が未知な正規分布に従うと考えられるので，自由度 $n-1$ の t 分布によって検定することになる．

(1)　帰無仮説：$d = 0$

対立仮説：$d \neq 0$

(2)　検定統計量：$T = \dfrac{\overline{d}}{\sqrt{\dfrac{s_d{}^2}{n}}} \sim t(n-1)$

(3)　有意水準 α での，両側検定だから，臨界値は $\pm t_{n-1, \alpha/2}$ となり，

棄却域は $(-\infty, -t_{n-1, \alpha/2})$ および $(t_{n-1, \alpha/2}, \infty)$

(4)　検定統計値 $t_s = \dfrac{\overline{d}}{\sqrt{\dfrac{s_d{}^2}{n}}}$

(5)　t_s が棄却域か採択域のどちらにあるか調べる．

(6)　棄却域にあれば，帰無仮説 H_0 を棄却して対立仮説 H_1 を採択する．

逆に，採択域にあれば H_0 は棄却できず，結論を保留する．

例題 8.9　6人の被験者の空腹時血糖値 X と糖負荷後1時間の血糖値 Y を比べたところ，次のようになった．

被験者	空腹時	1時間後
1	85	112
2	109	137
3	73	119
4	125	149
5	83	128
6	92	145

空腹時血糖値と糖負荷後1時間の血糖値に差があるといえるか．有意水準5％で検定せよ．

解答 対応ある 2 群の平均の差 $d(= X - Y)$ の検定をおこなう.

(1) 帰無仮説 : $d = 0$

   対立仮説 : $d < 0$

(2) 検定統計量 : $T = \dfrac{\bar{d}}{\sqrt{\dfrac{s_d^{\,2}}{n}}} \sim t(n-1)$

(3) 有意水準 5% での, 左側検定だから, 臨界値は $-t_{5,0.05}$ となり,

   棄却域は $(-\infty, -2.015)$

(4) 検定統計値 $t_s = \dfrac{-37.17}{\sqrt{\dfrac{150.17}{6}}} \fallingdotseq -7.43$

(5) t_s は棄却域にある.

(6) 棄却域にあるので, 帰無仮説 H_0 を棄却して対立仮説 H_1 を採択し, 糖負荷後 1 時間の血糖値が有意に増加していると結論する.

● Excel 実行例

	A	B	C	D	E
1	被験者	空腹時	1時間後	差	
2	1	85	112	-27	
3	2	109	137	-28	
4	3	73	119	-46	
5	4	125	149	-24	
6	5	83	128	-45	
7	6	92	145	-53	
8	標本平均=			-37.1667	
9	標本分散=			150.1667	
10					
11	帰無仮説: d=0		対立仮説: d<0(左側検定)		
12					
13	検定統計量が従う分布			自由度5のt分布	
14					
15	自由度5のt分布の臨界値				
16	t_0.05(5)=	2.015048	←	=T.INV.2T(0.1,5)	
17					
18	棄却域:(-∞, -2.015)				
19					
20	検定統計値				
21	-7.42921	←	=D8/SQRT(D9/6)		
22					
23	結論: 棄却域にあり、1時間後に増加している				

8.6 等分散の検定

分散のわからない小標本での平均値の差の検定では，2つの母分散が等しいという仮定をした．この仮定が妥当かどうかを判定するには，それぞれの母分散が等しいことを検定できればよい．これは，χ^2 分布の比が F 分布になることを使えば可能となる．つまり，2つの正規分布 $N(\mu_1, \sigma_1{}^2), N(\mu_2, \sigma_2{}^2)$ に従う母集団 (母平均は共に未知) から，それぞれ m, n の標本を抽出し，それぞれの標本分散 $s_1{}^2, s_2{}^2$ を求めて，比を $F = \dfrac{s_1{}^2}{s_2{}^2}$ とおくと，F は自由度 $(m-1, n-1)$ の F 分布に従う．これは，次のようにすれば容易に理解できる．
標本分散 $s_1{}^2 = \dfrac{1}{m-1} \displaystyle\sum_{i=1}^{m} (X_{1i} - \overline{X}_1)^2$ より，

$$\frac{s_1{}^2}{\sigma_1{}^2} = \frac{1}{m-1} \underbrace{\sum_{i=1}^{m} \left(\frac{X_{1i} - \overline{X}_1}{\sigma_1} \right)^2}_{\chi^2(m-1)}$$

同様に，$s_2{}^2 = \dfrac{1}{n-1} \displaystyle\sum_{i=1}^{n} (X_{2i} - \overline{X}_2)^2$ より，

$$\frac{s_2{}^2}{\sigma_2{}^2} = \frac{1}{n-1} \underbrace{\sum_{i=1}^{m} \left(\frac{X_{2i} - \overline{X}_2}{\sigma_2} \right)^2}_{\chi^2(n-1)}$$

したがって，仮説 (分散の比は 1) を適用すれば，

$$F = \frac{s_1{}^2}{s_2{}^2} = \frac{\dfrac{s_1{}^2}{\sigma_1{}^2}}{\dfrac{s_2{}^2}{\sigma_2{}^2}} \sim F(m-1, n-1)$$

となる．したがって，検定すべき事柄は，

正規分布 $N(\mu_1, \sigma_1{}^2), N(\mu_2, \sigma_2{}^2)$ から m, n の標本を抽出し，平均と分散を求めたところ，それぞれ $\overline{x}_1, s_1{}^2$ および $\overline{x}_2, s_2{}^2$ となった．この結果から，2つの母集団の母分散 $\sigma_1{}^2, \sigma_2{}^2$ は，等しいといえるか否か．有意水準 α で検定したい．

と設定でき，次のプロセスで検定する．

(1) 帰無仮説 : $\sigma_1{}^2 = \sigma_2{}^2$
   対立仮説 : $\sigma_1{}^2 \neq \sigma_2{}^2$

(2) 検定統計量 : $F = \dfrac{s_1{}^2}{s_2{}^2} \sim F(m-1, n-1)$

(3) 有意水準 α での，両側検定だから，臨界値は $F_{m-1,n-1,1-\alpha/2}$
   および $F_{m-1,n-1,\alpha/2}$ となり，棄却域は $(0, F_{m-1,n-1,1-\alpha/2})$
   および $(F_{m-1,n-1,\alpha/2}, \infty)$

(4) 検定統計値 $f_s = \dfrac{s_1{}^2}{s_2{}^2}$

(5) f_s が棄却域か採択域のどちらにあるか調べる．

(6) 棄却域にあれば，帰無仮説 H_0 を棄却して対立仮説 H_1 を採択する．
   逆に，採択域にあれば H_0 は棄却できず，結論を保留する．

ここで，F 分布はその構造上，$F_{m,n,\alpha} = \dfrac{1}{F_{n,m,1-\alpha}}$ である．

例題 8.10　慢性心不全患者を 2 群にわけ，第 1 群にはイソソルバイドを投与
し，第 2 群は対照群として，何も投与しなかった．その結果，それぞれの群
の心係数は，

> 第 1 群 : 2.43, 1.96, 3.28, 2.81, 2.39, 3.84

> 第 2 群 : 1.32, 2.21, 3.17, 1.35, 2.43, 1.59, 1.19

であった．両群の母分散は等しいといえるか否か，有意水準 5% で検定せよ．

[解答]　分散の比で分散が等しいかどうかを検定する．したがって，検定条件は，

(1) 帰無仮説 : $\sigma_1{}^2 = \sigma_2{}^2$
   対立仮説 : $\sigma_1{}^2 \neq \sigma_2{}^2$

(2) 検定統計量 : $F = \dfrac{s_1{}^2}{s_2{}^2} \sim F(m-1, n-1)$

(3) 有意水準 5% での，両側検定だから，臨界値は $F_{5,6,0.975}$
   および $F_{5,6,0.025}$ となり，棄却域は $(0, 0.1433)$ および $(5.988, \infty)$

(4) 検定統計値 $f_s = \dfrac{0.4643}{0.5381} \fallingdotseq 0.8627$

(5) f_s は採択域にある．

(6) 採択域にあるから H_0 は棄却できず，母分散は等しいと結論する．

● **Excel 実行例**

	A	B	C	D	E	F	G	H
1	No.	投与群	対照群					
2	1	2.43	1.32					
3	2	1.96	2.21					
4	3	3.28	3.17					
5	4	2.81	1.35					
6	5	2.39	2.43					
7	6	3.84	1.59					
8	7		1.19					
9	標本分散=	0.46427	0.538129	←	=VAR.S(B2:B7)		=VAR.S(C2:C8)	
10								
11	帰無仮説:	$\sigma_1^2 = \sigma_2^2$	対立仮説:	$\sigma_1^2 \neq \sigma_2^2$	(両側検定)			
12								
13	検定統計量が従う分布			自由度(5,6)のF分布				
14								
15	F分布の臨界値							
16	F_0.975(5,6)=		0.143314	←	=F.INV.RT(0.975,5,6)			
17	F_0.025(5,6)=		5.987565	←	=F.INV.RT(0.025,5,6)			
18								
19	棄却域:(0,0.1433), (5.988, ∞)							
20								
21	検定統計値							
22	0.862749	←	=B9/C9					
23								
24	結論: 採択域にあり、差はない							

練習 8.7 A 社と B 社は，同じような簡易はかりを製造している．これら
の計測結果のばらつきが，同じであるか否かを検定する．A 社で 100 となっ
たもの 8 個，B 社で 100 となった 6 個は，精密はかりで測定しなおしたとこ
ろ，それぞれ次のような重量を示した．

A 社 : $102, 98, 103, 102, 97, 99, 103, 100$

B 社 : $91, 103, 97, 109, 105, 95$

有意水準 5% で，ばらつきの大きさに違いがあるか否かを，検定せよ．

$$\left[f_s = 0.118 < 0.189 = F_{7,5,0.975}, \text{ばらつきの大きさに違いがある}\right]$$

8.7 母比率の検定

母比率の区間推定で説明したように，二項母集団では，$np, n(1-p)$ が共に
5 以上のときは，近似的に正規分布 $N(np, np(1-p))$ に従う．これから，n 個

の標本比率は，近似的に $N\left(p, \dfrac{p(1-p)}{n}\right)$ に従う．したがって，標本比率を $\dfrac{x}{n}$ としたとき，母比率 p の検定統計量は，

$$Z = \frac{\dfrac{x}{n} - p_0}{\sqrt{\dfrac{p_0(1-p_0)}{n}}} \sim N(0,1)$$

となる．これから，検定すべき事柄は，

二項母集団から n 個の標本を抽出したところ，属性 A を持つものが x 個であった．これまで，母比率は p_0 と考えられていたが，今回の比率はそれと等しいといえるか否か．有意水準 α で検定したい．

と設定でき，次のプロセスで検定する．

(1) 帰無仮説：$p = p_0$
対立仮説：$p \neq p_0$

(2) 検定統計量：$Z = \dfrac{\dfrac{x}{n} - p_0}{\sqrt{\dfrac{p_0(1-p_0)}{n}}} \sim N(0,1)$

(3) 有意水準 α での，両側検定だから，臨界値は $\pm z_{\alpha/2}$

(4) 検定統計値 $z_s = \dfrac{\dfrac{x}{n} - p_0}{\sqrt{\dfrac{p_0(1-p_0)}{n}}}$

(5) z_s が棄却域か採択域のどちらにあるか調べる．

(6) 棄却域にあれば，帰無仮説 H_0 を棄却して対立仮説 H_1 を採択する．
逆に，採択域にあれば H_0 は棄却できず，結論を保留する．

例題 8.11　メンデルの遺伝法則によれば，雑種第二代では黄色のエンドウ 3 に対して緑色のエンドウ 1 という安定した割合で生ずるという．ある実験で 336 個の黄色いエンドウと 101 個の緑色のエンドウが得られた．これらの数はメンデルの遺伝法則に矛盾していないか，有意水準 1% で検定せよ．

〔解答〕　検定条件は，

(1) 帰無仮説：$p = 0.75$

対立仮説：$p \neq 0.75$

(2) 検定統計量：$Z = \dfrac{\dfrac{x}{n} - p_0}{\sqrt{\dfrac{p_0(1 - p_0)}{n}}} \sim N(0, 1)$

(3) 有意水準 1% での，両側検定だから，臨界値は $\pm z_{0.005} = \pm 2.575$

(4) 検定統計値 $z_s = \dfrac{\dfrac{336}{336 + 101} - 0.75}{\sqrt{\dfrac{0.75(1 - 0.75)}{336 + 101}}} \fallingdotseq 0.911$

(5) z_s は採択域にある．

(6) 採択域にあるから H_0 は棄却できず，矛盾していないと結論する．

● **Excel 実行例**

	A	B	C	D	E	F
1			個体数	比率		
2	黄色のエンドウ		336	0.768879		
3	緑色のエンドウ		101	0.231121		
4	合計		437			
5						
6	帰無仮説: p=0.75					
7						
8	検定統計量が従う分布					
9						
10	標準正規分布の臨界値					
11	z_0.005 =	-2.57583	←	=NORM.S.INV(0.005)		
12	z_0.995 =	2.575829	←	=NORM.S.INV(0.995)		
13						
14	棄却域: (-∞, -2.576), (2.576, ∞)					
15						
16	検定統計値					
17	0.911407	←	=(D2-0.75)/SQRT(0.75*(1-0.75)/C4)			
18						
19	結論: 採択域にあり、矛盾していない					

8.8 母比率の差の検定

2 つの二項母集団の母比率の差の検定は，標本の大きさを n_1, n_2 とし，標本比率を $\dfrac{x_1}{n_1}, \dfrac{x_2}{n_2}$ とすると，母比率の差 $p_1 - p_2$ の検定統計量 Z が標準正規分

布に従うことでおこなう.

$$Z = \frac{\left(\dfrac{x_1}{n_1} - \dfrac{x_2}{n_2}\right) - (p_{01} - p_{02})}{\sqrt{\overline{p}(1 - \overline{p})\left(\dfrac{1}{n_1} + \dfrac{1}{n_2}\right)}} \sim N(0, 1)$$

ただし $\overline{p} = \dfrac{x_1 + x_2}{n_1 + n_2}$

これから, 検定すべき事柄は,

2つの二項母集団から n_1, n_2 個の標本を抽出したところ, 属性 A を持つものが, それぞれ x_1, x_2 個であった. これから, 母比率に差があるか否かを, 有意水準 α で検定したい.

と設定でき, 次のプロセスで検定する.

(1) 帰無仮説 : $p_1 = p_2$
    対立仮説 : $p_1 \neq p_2$

(2) 検定統計量 : $Z = \dfrac{\dfrac{x_1}{n_1} - \dfrac{x_2}{n_2}}{\sqrt{\overline{p}(1 - \overline{p})\left(\dfrac{1}{n_1} + \dfrac{1}{n_2}\right)}} \sim N(0, 1)$

(3) 有意水準 α での, 両側検定だから, 臨界値は $\pm z_{\alpha/2}$

(4) 検定統計値 $z_s = \dfrac{\dfrac{x_1}{n_1} - \dfrac{x_2}{n_2}}{\sqrt{\overline{p}(1 - \overline{p})\left(\dfrac{1}{n_1} + \dfrac{1}{n_2}\right)}}$

(5) z_s が棄却域か採択域のどちらにあるか調べる.

(6) 棄却域にあれば, 帰無仮説 H_0 を棄却して対立仮説 H_1 を採択する.
    逆に, 採択域にあれば H_0 は棄却できず, 結論を保留する.

例題 8.12　時代劇ドラマ「鬼平犯科帳」の視聴率に男女で差があるかどうかを調査するため, 男性 1200 人, 女性 1000 人にアンケートをとった. その結果, 男性では 165 人, 女性では 108 人が視聴しているという結果になった. 視聴率に差があるか否かを, 有意水準 5% で検定せよ.

[解答]　検定条件は,

(1) 帰無仮説：$p_1 = p_2$
　　対立仮説：$p_1 \neq p_2$

(2) 検定統計量：$Z = \dfrac{\dfrac{x_1}{n_1} - \dfrac{x_2}{n_2}}{\sqrt{\overline{p}(1-\overline{p})\left(\dfrac{1}{n_1} + \dfrac{1}{n_2}\right)}} \sim N(0,1)$

　　ただし，$\overline{p} = \dfrac{x_1 + x_2}{n_1 + n_2}$

(3) 有意水準 5% での，両側検定だから，臨界値は $\pm z_{0.025} = \pm 1.96$

(4) $\overline{p} = \dfrac{165 + 108}{1200 + 1000} = 0.124$

　　検定統計値 $z_s = \dfrac{\dfrac{165}{1200} - \dfrac{108}{1000}}{\sqrt{0.124(1 - 0.124)\left(\dfrac{1}{1200} + \dfrac{1}{1000}\right)}} \fallingdotseq 2.09$

(5) z_s は棄却域にある．

(6) 棄却域にあるから帰無仮説 H_0 を棄却して対立仮説 H_1 を採択する．
　　男性のほうが時代劇を好むようである．

● **Excel 実行例**

	A	B	C	D	E	F
1		男性	女性	合計		
2	標本数	1200	1000	2200		
3	視聴数	165	108	273		
4	視聴率	0.1375	0.108	0.124091		
5						
6	帰無仮説:	$p_1 = p_2$		対立仮説:	$p_1 \neq p_2$	(両側検定)
7						
8	検定統計量が従う分布			標準正規分布		
9						
10	標準正規分布の臨界値					
11	z_0.025=	-1.95996	←	=NORM.S.INV(0.025)		
12	z_0.975=	1.959964	←	=NORM.S.INV(0.975)		
13						
14	棄却域: $(-\infty, -1.96), (1.96, \infty)$					
15						
16	検定統計値					
17	2.089786	←		=(B4-C4)/SQRT(D4*(1-D4)*(1/B2+1/C2))		
18						
19	結論: 棄却域にあり、差がある					

8.9 めったに発生しない数の検定

事故や故障など，めったに起きない事柄に対する発生確率はポアソン分布に従う．これにもとづいて発生件数の検定をおこなうことができる．母数が m のポアソン分布では，$m \geqq 5$ のとき，$\mu = m, \sigma^2 = m$ の正規分布に従うので，n 個の標本の平均を $\overline{X}$ とすると，

$$Z = \frac{\overline{X} - m}{\sqrt{\dfrac{m}{n}}} \sim N(0, 1)$$

これから，検定すべき事柄は，

> ポアソン母集団から n 個の標本を抽出したところ，平均数が $\overline{X}$ であった．一般的な平均数は m_0 といわれているが，少ないといえるか否かを，有意水準 α で検定したい．

と設定でき，次のプロセスで検定する．

(1) 帰無仮説：$m = m_0$
    対立仮説：$m < m_0$

(2) 検定統計量：$Z = \dfrac{\overline{X} - m_0}{\sqrt{\dfrac{m_0}{n}}} \sim N(0, 1)$

(3) 有意水準 α での，左側検定だから，臨界値は $-z_\alpha$

(4) 検定統計値 $z_s = \dfrac{\overline{X} - m_0}{\sqrt{\dfrac{m_0}{n}}}$

(5) z_s が棄却域か採択域のどちらにあるか調べる．

(6) 棄却域にあれば，帰無仮説 H_0 を棄却して対立仮説 H_1 を採択する．
    逆に，採択域にあれば H_0 は棄却できず，結論を保留する．

例題 8.13 A 鉄道会社の BC 路線では，過去 6 ヶ月間に 24 回の踏み切り事故が発生した．他社の同一区間の路線では 1 ヶ月平均 5 件の事故が発生している．A 社の発生件数は少ないといえるか，有意水準 5% で検定せよ．

[解答] 検定条件は，

(1) 帰無仮説：$m = m_0$

対立仮説 : $m < m_0$

(2) 検定統計量 : $Z = \dfrac{\overline{X} - m_0}{\sqrt{\dfrac{m_0}{n}}} \sim N(0, 1)$

(3) 有意水準 5% での，左側検定だから，臨界値は $-z_{0.05} = -1.645$

(4) 検定統計値 $z_s = \dfrac{4 - 5}{\sqrt{\dfrac{5}{6}}} \fallingdotseq -1.10$

(5) z_s は採択域にある．

(6) H_0 は棄却できず，差がないと結論する．

● **Excel 実行例**

	A	B	C	D	E
1		期間	事故回数	1ヶ月平均	
2	A鉄道会社	6	24	4	
3	他社			5	
4					
5	帰無仮説: $m = m_0$		対立仮説: $m < m_0$		(左側検定)
6					
7	検定統計量が従う分布			標準正規分布	
8					
9	標準正規分布の臨界値				
10	z_0.05=	-1.64485	←	=NORM.S.INV(0.05)	
11					
12	棄却域: (- ∞, -1.645)				
13					
14	検定統計値				
15	-1.09545	←	=(D2-D3)/SQRT(D3/B2)		
16					
17	結論：採択域にあり、差はない				

8.10 χ^2 検定

χ^2 分布による検定には，**適合度検定** (goodness of fit test) や**分割表** (contingency table) による検定などがある．

8.10.1 χ^2 適合度検定

母集団が k 個のタイプに分類されており，各タイプの比率が $p_1, p_2, \cdots, p_k$ $(p_1 + p_2 + \cdots + p_k = 1)$ であるとする．n 個の標本のうち，各タイプに属する個数を X_i $(X_1 + X_2 + \cdots + X_k = n)$ としたとき，各比率 X_i/n が p_i に

適合するかどうかを検定するのが，適合度検定である．各タイプに属する度数を次のように整理して，

タイプ	1	2	$\cdots$	k	合計
観測度数	X_1	X_2	$\cdots$	X_k	n
期待度数	np_1	np_2	$\cdots$	np_k	n

ここで，$np_i \geqq 5$ とすると（$np_i < 5$ のときは複数のタイプを合併して，すべての値が5以上になるようにする），検定統計量

$$\chi^2 = \sum_{i=1}^{k} \frac{(X_i - np_i)^2}{np_i}$$

は，自由度 $k - r - 1$ の χ^2 分布に従う．ただし，r は期待度数を求めるために使った母数のうち，標本から推定した個数である．これから，検定すべき事柄は，

k 個のタイプに分かれる母集団から n 個の標本を抽出したところ，各タイプに属する観測度数が期待度数と一致するか否かを，有意水準 α で検定したい．

と設定でき，次のプロセスで検定する．

(1) 帰無仮説：$(p_1, p_2, \cdots, p_k) = (p_{01}, p_{02}, \cdots, p_{0k})$
    対立仮説：$(p_1, p_2, \cdots, p_k) \neq (p_{01}, p_{02}, \cdots, p_{0k})$

(2) 検定統計量：$\chi^2 = \sum_{i=1}^{k} \frac{(X_i - np_i)^2}{np_i} \sim \chi^2(k - r - 1)$

(3) 有意水準 α での，右側検定だから，棄却域は $({\chi_{k-r-1,\alpha}}^2, \infty)$

(4) 検定統計値 ${\chi_s}^2 = \sum_{i=1}^{k} \frac{(X_i - np_i)^2}{np_i}$

(5) ${\chi_s}^2$ が棄却域か採択域のどちらにあるか調べる．

(6) 棄却域にあれば，帰無仮説 H_0 を棄却して対立仮説 H_1 を採択する．
    逆に，採択域にあれば H_0 は棄却できず，結論を保留する．

例題 8.14　ある工場における 6 ヶ月間の故障発生件数は，それぞれ 6, 8, 5, 7, 4, 12 件 であった．月によって故障発生件数に差があるといえるか，有意水

準 5% で検定せよ.

解答 検定条件は,

(1) 帰無仮説：故障発生件数は月によって差がない.

対立仮説：故障発生件数は月によって差がある.

(2) 検定統計量：$\chi^2 = \displaystyle\sum_{i=1}^{k} \frac{(X_i - np_i)^2}{np_i} \sim \chi^2(k - r - 1)$

(3) 期待度数は合計のみで計算できるので, 自由度は $6 - 1 = 5$ となる.

有意水準 5% での, 右側検定だから, 棄却域は $(\chi_{5,0.05}{}^2 = 11.07, \infty)$

(4) 検定統計値 $\chi_s{}^2 = \dfrac{(6 - 7)^2}{7} + \dfrac{(8 - 7)^2}{7} + \cdots + \dfrac{(12 - 7)^2}{7} \fallingdotseq 5.71$

(5) $\chi_s{}^2$ は採択域にある.

(6) H_0 は棄却できず, 差がないと結論する.

● **Excel 実行例**

	A	B	C	D	E	F
1	No.	事故件数	期待値	期待値との差の2乗		
2	1	6	7	1		
3	2	8	7	1		
4	3	5	7	4		
5	4	7	7	0		
6	5	4	7	9		
7	6	12	7	25		
8	合計	42		40		
9						
10	帰無仮説: 事故発生件数は月によって差がない					
11						
12	検定統計量が従う分布			自由度5のχ^2分布		
13						
14	χ^2 分布の臨界値					
15	χ^2_0.05(5)=		11.0705	←	=CHISQ.INV.RT(0.05,5)	
16						
17	棄却域:(11.07, ∞)					
18						
19	検定統計値					
20	5.714286	←	=D8/7			
21						
22	結論: 採択域にあり、差がない					

8.10.2 分割表での独立の検定

χ^2 分布で, 2 元表における観測度数と期待度数の適合度を検定することができる. この 2 元表は**分割表** (contingency table) と呼ばれ, 2 元表のもとと

なる分類基準に使う2つの変数間に関係があるかどうかを検定することになる．つまり，2つの分類変数にまったく関係がない (独立である) ことを検定したいのである．

▓ $r \times c$ 分割表 ▓

1つの分類変数が r 個の違ったタイプに分類され，もう1つの分類変数が c 個のタイプに分類されるとき，$r \times c$ 分割表と呼ばれる形に観測度数が表される．

	B_1	B_2	$\cdots$	B_c	計
A_1	f_{11}	f_{12}	$\cdots$	f_{1c}	$T_{1\cdot}$
A_2	f_{21}	f_{22}	$\cdots$	f_{2c}	$T_{2\cdot}$
$\vdots$	$\vdots$	$\vdots$		$\vdots$	$\vdots$
A_r	f_{r1}	f_{r2}	$\cdots$	f_{rc}	$T_{r\cdot}$
計	$T_{\cdot 1}$	$T_{\cdot 2}$	$\cdots$	$T_{\cdot c}$	$T_{\cdot\cdot}$

ここで，

$$T_{i\cdot} = \sum_{j=1}^{c} f_{ij}, \ T_{\cdot j} = \sum_{i=1}^{r} f_{ij}, \ T_{\cdot\cdot} = \sum_{i=1}^{r} \sum_{j=1}^{c} f_{ij}$$

は，それぞれ行，列の合計，および総合計を表している．また，観測度数 f_{ij} に対する期待度数 e_{ij} は，

$$e_{ij} = \frac{T_{i\cdot}}{T_{\cdot\cdot}} \times \frac{T_{\cdot j}}{T_{\cdot\cdot}} \times T_{\cdot\cdot} = \frac{T_{i\cdot} \times T_{\cdot j}}{T_{\cdot\cdot}}$$

これから，検定統計量は，

$$\chi^2 = \sum_{i=1}^{r} \sum_{j=1}^{c} \frac{(f_{ij} - e_{ij})^2}{e_{ij}}$$

で，自由度 $(r-1)(c-1)$ の χ^2 分布に従う．これから，検定すべき事柄は，

分類基準に使う2つの分類変数が独立であるという仮説を，有意水準 α で検定したい．

と設定でき，次のプロセスで検定する．

(1) 帰無仮説：2 つの分類変数間に関係がない

　　対立仮説：2 つの分類変数間に関係がある

(2) 検定統計量：$\chi^2 = \displaystyle\sum_{i=1}^{r}\sum_{j=1}^{c}\frac{(f_{ij}-e_{ij})^2}{e_{ij}} \sim \chi^2((r-1)(c-1))$

(3) 有意水準 α での，右側検定だから，棄却域は $(\chi_{(r-1)(c-1),\alpha}{}^2, \infty)$

(4) 検定統計値 $\chi_s{}^2 = \displaystyle\sum_{i=1}^{r}\sum_{j=1}^{c}\frac{(f_{ij}-e_{ij})^2}{e_{ij}}$

(5) $\chi_s{}^2$ が棄却域か採択域のどちらにあるか調べる．

(6) 棄却域にあれば，帰無仮説 H_0 を棄却して対立仮説 H_1 を採択する．

　　逆に，採択域にあれば H_0 は棄却できず，結論を保留する．

例題 8.15 風邪薬の効果を検定するために，164 人の風邪を引いた患者を選び，半数にはこの風邪薬を，残りの半数に偽薬を投与して，薬の効果を測定した．患者の反応は次の表に示す結果となった．このとき，風邪薬も偽薬も同じ反応を示すか否かを，有意水準 5% で検定せよ．

	非常によく効いた	かえって悪化した	まったく効果なし
風邪薬	50	10	22
偽薬	44	12	26

解答 2×3 分割表による検定である．検定すべきは，

(1) 帰無仮説：風邪薬に効果はない．

　　対立仮説：風邪薬は効果がある．

(2) 検定統計量：$\chi^2 = \displaystyle\sum_{i=1}^{r}\sum_{j=1}^{c}\frac{(f_{ij}-e_{ij})^2}{e_{ij}} \sim \chi^2((r-1)(c-1))$

(3) 有意水準 5% での，右側検定だから，棄却域は $(\chi_{2,0.05}{}^2 = 5.99, \infty)$

(4) 検定統計値 $\chi_s^2 = \displaystyle\sum_{i=1}^{2}\sum_{j=1}^{3}\frac{(f_{ij}-e_{ij})^2}{e_{ij}} \fallingdotseq 0.90$

(5) $\chi_s{}^2$ は採択域にある．

(6) 採択域にあるので，H_0 は棄却できず，効果がないと結論する．

● **Excel 実行例**

	A	B	C	D	E	F	G
1		効果あり	悪化	効果なし	合計		
2	風邪薬	50	10	22	82		
3	偽薬	44	12	26	82		
4	合計	94	22	48	164		
5							
6		47	11	24			
7	e_{ij}	47	11	24			
8							
9	帰無仮説: 風邪薬に効果はない						
10							
11	検定統計量が従う分布			自由度2の χ^2分布			
12							
13	χ^2分布の臨界値						
14	$\chi^2\_0.05(2) =$		5.991465	←	=CHISQ.INV.RT(0.05,2)		
15							
16	棄却域:(5.99, ∞)						
17							
18	検定統計値						
19	0.89813	←	=(B2-B6)^2/B6+(C2-C6)^2/C6+(D2-D6)^2/D6				
20			+(B3-B7)^2/B7+(C3-C7)^2/C7+(D3-D7)^2/D7				
21							
22	結論：採択域にあり、差はない。						

2 × 2 分割表

2 × 2 分割表では，簡易な計算法がある．n 個の標本が，2 つの分類変数によって，次の表のように 4 つに分類されているとき，

	B_1	B_2	計
A_1	f_{11}	f_{12}	$f_{11} + f_{12}$
A_2	f_{21}	f_{22}	$f_{21} + f_{22}$
計	$f_{11} + f_{21}$	$f_{12} + f_{22}$	n

検定統計量は，

$$\chi^2 = \frac{n(f_{11}f_{22} - f_{12}f_{21})^2}{(f_{11} + f_{12})(f_{21} + f_{22})(f_{11} + f_{21})(f_{12} + f_{22})}$$

で，自由度 1 の χ^2 分布に従う．

例題 8.16 ある会社では，A 社と B 社から部品を納品しているが，製品にば

らつきがあり，不合格品が次の表に示すように多く出ている．A社とB社で合格率に差があるか否かを，有意水準5%で検定する．

	A社	B社	計
合格数	203	207	410
不合格数	33	25	58
計	236	232	468

[解答]　仮説は両社に差がないとする．検定統計量は，

$$\chi^2 = \frac{n(f_{11}f_{22} - f_{12}f_{21})^2}{(f_{11}+f_{12})(f_{21}+f_{22})(f_{11}+f_{21})(f_{12}+f_{22})} \sim \chi^2(1)$$

であるので，検定統計値は，

$$\chi_s{}^2 = \frac{468(203 \times 25 - 207 \times 33)^2}{(203+207)(33+25)(203+33)(207+25)} \fallingdotseq 1.11$$

$$< \chi_{1,0.05}{}^2 = 3.84$$

より，仮説は棄却されず，両社に差がないと結論する．

● **Excel 実行例**

	A	B	C	D	E	F
1		A社	B社	計		
2	合格数	203	207	410		
3	不合格数	33	25	58		
4	計	236	232	468		
5						
6	帰無仮説: 両社に差がない					
7						
8	検定統計量が従う分布		自由度1の χ^2分布			
9						
10	χ^2分布の臨界値					
11	χ^2_0.05(1)=		3.841459	←	=CHISQ.INV.RT(0.05,1)	
12						
13	棄却域:(3.84, ∞)					
14						
15	検定統計値					
16	1.108366	←	=D4*(B2*C3-C2*B3)^2/(D2*D3*B4*C4)			
17						
18	結論: 採択域にあり、差はない					

8.11 検定のまとめ

検定する対象によって，検定の方法が異なるので，ここで整理しておく．

● 平均の検定

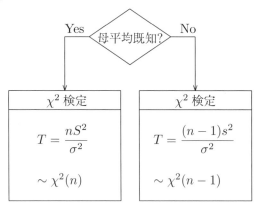

● 分散の検定

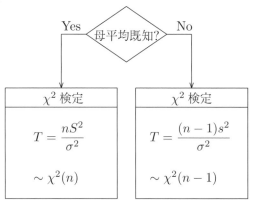

平均の差の検定

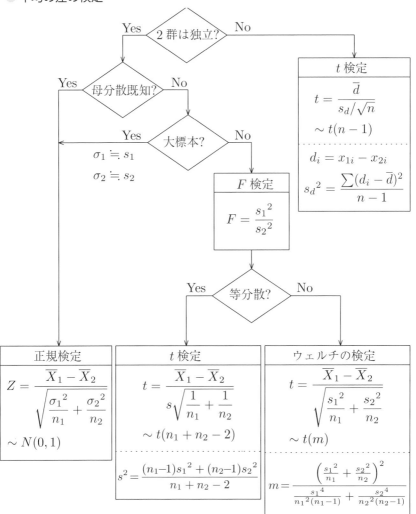

◇◆問題 8 ◆◇

8.1 正規分布する母集団から大きさ 20 の標本を取り出し，標本平均 42，標本標準偏差 5 をえた．有意水準 5% で，

$$仮説：H_0 : \mu = 44, \ H_1 : \mu \neq 44$$

を検定せよ．

8.2 2 つの正規母集団から，それぞれ大きさ 100 の無作為標本を抽出し，標本平均 20 および 22，標本標準偏差 5 および 6 を得た．これより，

$$H_0 : \mu_1 = \mu_2, \ H_1 : \mu_1 \neq \mu_2$$

を，有意水準 0.05 で検定せよ．

8.3 2 種類の鋳型で作られた鋳物の不良品の割合を知るための検査がおこなわれた．その結果，鋳型 I で作られた 100 個の鋳物のうち 14 個が不良品であり，鋳型 II で作られた鋳物 200 個のうち 36 個が不良品であった．これら 2 種類の鋳型で作られる鋳物の不良率に差があるかどうか．有意水準 0.01 で検定せよ．

8.4 ある機械部品の製品仕様によると，この部品の寸法は 0.5485 インチである．出来上がった部品から無作為に 6 個選んだところ，その平均寸法は 0.5479 インチで，標準偏差は 0.0003 インチであった．有意水準 5% で，この部品はその仕様通りであるといえるか．

8.5 ある種の分類作業で，単位時間当たりの正しい分類数は平均 150 であるという仮説を検定したい．その作業をする 49 人を無作為に選んで調べたところ，正しい分類数の平均が 140，標準偏差は 15 であった．この結果は，有意水準を 5% とするとき，母集団の平均が 150 ではないということを立証しているといえるか．

8.6 ある工場で生産された蛍光灯 100 本の平均寿命を調べたところ，1570 時間，標準偏差 120 時間であった．この結果から，蛍光灯の平均寿命は 1,600 時間と結論してよいであろうか．有意水準 0.01 で検定せよ．

8.7 ある会社で製造された 30 本のロープの破断テストの結果，平均値 3,590 kg，標準偏差 65.7 kg であった．この会社では，破断強度は 3,625 kg であるといっているが，これを認めてよいか．有意水準 5% で検定せよ．

8.8 ある製品品質のばらつきを分散 0.0005 以内におさえたい．この製品のあるロットから 8 個のサンプルを取り出し，測定したところ，次のデータを得た．このロットを合格としてよいか．有意水準 5% で検定せよ．

$$2.012, \ 2.008, \ 1.992, \ 2.017, \ 1.988, \ 1.997, \ 2.003, \ 2.011$$

答と略解

第 1 章　集合と場合の数

◇◆ 問題 1 ◆◇ (p.9)

1.1　$\phi, \{2\}, \{4\}, \{6\}, \{2,4\}, \{2,6\}, \{4,6\}, \{2,4,6\}$

1.2　$\overline{A} = \{5,6,7,8\}, \overline{B} = \{1,2,5,6\}, \overline{A} \cup B = \{3,4,5,6,7,8\}$,
　　$A \cup \overline{B} = \{1,2,3,4,5,6\}, \overline{A \cup B} = \{5,6\}$

1.3　$n(\overline{A \cup B}) = 40$
　　$\big[$ 集合 A を 2 の倍数の集合，集合 B を 5 の倍数の集合とおくと，求めたい集合の
　　要素数は，$\overline{A \cup B}$ の要素数である.
　　$n(\overline{A \cup B}) = n(U) - n(A \cup B),\ n(A) = 50,\ n(B) = 20,\ n(A \cap B) = 10$ より,
　　$n(A \cup B) = n(A) + n(B) - n(A \cap B) = 60$
　　したがって，$n(\overline{A \cup B}) = 100 - 60 = 40\big]$

1.4　11 通り

1.5　1800 通り　$\big[\ {}_5\mathrm{P}_2 \times {}_{10}\mathrm{P}_2\ \big]$

1.6　1440 通り，3600 通り　$\big[\ 6! \times 2,\ 6! \times 5\ \big]$

1.7　5796 通り　$\big[\ 3^8 - {}_3\mathrm{C}_1 - {}_3\mathrm{C}_2 \times (2^8 - 2)\ \big]$

1.8　47775 通り　$\big[\ {}_{15}\mathrm{C}_3 \times {}_{15}\mathrm{C}_2\ \big]$

第 2 章　確率

◇◆ 問題 2 ◆◇ (p.21)

2.1　$P(\overline{A}|\overline{B}) = \dfrac{P(\overline{A} \cap \overline{B})}{P(\overline{B})} = \dfrac{P(\overline{A \cup B})}{P(\overline{B})} = \dfrac{1 - P(A \cup B)}{P(\overline{B})}$

　　ここで，A と B は独立だから，
　　$P(A \cup B) = P(A) + P(B) - P(A \cap B) = P(A) + P(B) - P(A)P(B)$
　　これを分子に代入をすると，
　　$(分子) = 1 - (P(A) + P(B) - P(A)P(B)) = 1 - P(A) - P(B) + P(A)P(B)$

となる．これから，

$$P(\overline{A}|\overline{B}) = \frac{1 - P(A) - P(B) + P(A)P(B)}{P(\overline{B})} = \frac{(1 - P(A))(1 - P(B))}{P(\overline{B})}$$

$$= \frac{P(\overline{A})P(\overline{B})}{P(\overline{B})} = P(\overline{A})$$

$P(\overline{B}|\overline{A}) = P(\overline{B})$ も同様に示すことができる．

2.2 独立である． $\left[P(E_1) = \dfrac{4}{9},\ P(E_2) = \dfrac{4}{9} \right]$

2.3 (1) $P(E_1) = 0.078$ (2) $P(E_2|E_1) = \dfrac{7}{13}$ (3) $P(\overline{E_2}|E_1) = \dfrac{6}{13}$

$\Big[$ (1) $P(E_1) = P(E_1|E_2)P(E_2) + P(E_1|\overline{E_2})P(\overline{E_2}) = 0.07 \times 0.6 + 0.09 \times 0.4 = 0.078$

(2) $P(E_2|E_1) = \dfrac{P(E_1|E_2)P(E_2)}{P(E_1|E_2)P(E_2) + P(E_1|\overline{E_2})P(\overline{E_2})}$

$P(E_1|E_2) = 0.07, P(E_2) = 0.6, P(E_1|\overline{E_2}) = 0.09, P(\overline{E_2}) = 0.4$

したがって，$P(E_2|E_1) = \dfrac{7}{13}$

(3) $P(\overline{E_2}|E_1) = \dfrac{P(E_1|\overline{E_2})P(\overline{E_2})}{P(E_1|E_2)P(E_2) + P(E_1|\overline{E_2})P(\overline{E_2})}$

$P(E_1|E_2) = 0.07, P(E_2) = 0.6, P(E_1|\overline{E_2}) = 0.09, P(\overline{E_2}) = 0.4$

したがって，$P(\overline{E_2}|E_1) = \dfrac{6}{13}$ $\Big]$

2.4 (1) $\dfrac{2}{15}$ (2) $\dfrac{2}{9}$ (3) 独立ではない．

$\Big[$ (1) 2枚のカードに書かれた数の差が4であるカードの組合せは，$(1, 5), (2, 6),$ $(3, 7), (4, 8), (5, 9), (6, 10)$ の6通り．10枚のカードから2枚を選択する組合せの総数は，${}_{10}C_2 = 45$ であるため，2枚のカードに書かれた数の差が4である確率は，$\dfrac{6}{45} = \dfrac{2}{15}$

(2) 2枚のカードに書かれた数がともに奇数である組合せは，${}_5C_2 = 10$

(3) 2枚のカードに書かれた数の差が4である事象を A，2枚とも奇数である事象を B とすると，$P(A) \cdot P(B) = \dfrac{4}{135}, P(A \cap B) = \dfrac{1}{15}$

したがって，$P(A \cap B) \neq P(A) \cdot P(B)$ $\Big]$

2.5 $\dfrac{49}{4}$ $\Big[$ 2個のサイコロを同時に投げるとき，2個のサイコロの出る目の数の積は次表のようになる．

目の		サイコロの目					
積		1	2	3	4	5	6
サ	1	1	2	3	4	5	6
イ	2	2	4	6	8	10	12
コ	3	3	6	9	12	15	18
ロ	4	4	8	12	16	20	24
の	5	5	10	15	20	25	30
目	6	6	12	18	24	30	36

したがって，サイコロの目が出る確率は同様に確からしいため，各積の値が出現する確率は，次表のようになる．

表　2個のサイコロの目の積 x と x の確率 p, xp

x	p	xp	x	p	xp
1	$\dfrac{1}{36}$	$\dfrac{1}{36}$	12	$\dfrac{1}{9}$	$\dfrac{4}{3}$
2	$\dfrac{1}{18}$	$\dfrac{1}{9}$	15	$\dfrac{1}{18}$	$\dfrac{5}{6}$
3	$\dfrac{1}{18}$	$\dfrac{1}{6}$	16	$\dfrac{1}{36}$	$\dfrac{4}{9}$
4	$\dfrac{1}{12}$	$\dfrac{1}{3}$	18	$\dfrac{1}{18}$	1
5	$\dfrac{1}{18}$	$\dfrac{5}{18}$	20	$\dfrac{1}{18}$	$\dfrac{10}{9}$
6	$\dfrac{1}{9}$	$\dfrac{2}{3}$	24	$\dfrac{1}{18}$	$\dfrac{4}{3}$
8	$\dfrac{1}{18}$	$\dfrac{4}{9}$	25	$\dfrac{1}{36}$	$\dfrac{25}{36}$
9	$\dfrac{1}{36}$	$\dfrac{1}{4}$	30	$\dfrac{1}{18}$	$\dfrac{5}{3}$
10	$\dfrac{1}{18}$	$\dfrac{5}{9}$	36	$\dfrac{1}{36}$	1
			合計		$\dfrac{49}{4}$

]

2.6 $\dfrac{170}{3}$　[100点をとる確率と50点をとる確率，20点をとる確率はすべて 1/3 である

ため，1回のゲームにおける得点の期待値は $100 \times \dfrac{1}{3} + 50 \times \dfrac{1}{3} + 20 \times \dfrac{1}{3} = \dfrac{170}{3}$]

第3章　確率分布

◇◆ 問題 3 ◆◇ (p.56)

3.1 $\dfrac{11}{32}$

3.2 3回以上 ［確率変数 X を n 回の施行の内に 3 以上の目が出る回数とおく．次式を満たす最小の n を求める．

$$P(X \geqq 1) = \sum_{k=1}^{n} {}_n\mathrm{C}_k \left(\frac{2}{3}\right)^k \left(\frac{1}{3}\right)^{n-k} \geqq 0.9$$

$$(\text{左辺}) = \left(\frac{1}{3}\right)^n \sum_{k=1}^{n} {}_n\mathrm{C}_k \cdot 2^k = \left(\frac{1}{3}\right)^n \cdot (3^n - 1) = 1 - \left(\frac{1}{3}\right)^n$$

これから，$1 - \left(\frac{1}{3}\right)^n \geqq 0.9$

よって，$n \geqq \dfrac{\ln(10)}{\ln(3)} \fallingdotseq \dfrac{2.302}{1.09861} \fallingdotseq 2.09539$ ］

3.3 0.92 ［確率変数 X を 5 試合の中で A チームが勝つ回数とする．試合を 5 回行ったとき，少なくとも 1 回 A チームが勝つ確率は次式となる．

$$P(X \geqq 1) = 1 - P(X = 0) = 1 - \left(\frac{3}{5}\right)^5 = 0.92224$$ ］

3.4 0.0323 ［確率変数 X を，柿の種の袋から，無作為に 30 粒取り出しときのピーナッツが含まれている数とすると，X は，超幾何分布 $H(200, 20, 30)$ に従う．したがって，求める確率は，$P(X = 0) = 0.0323$
※上記の確率は，Microsoft Excel のコマンド「HYPGEOM.DIST(0, 30, 20, 200)」で求められる．］

3.5 90% ［すべての部品が良品である確率は，$(1 - 7.0 \times 10^{-5})^{1500}$
ここで，$p = 7.0 \times 10^{-5}$ は十分小さい数であるため，$(1-p)^{1500} = (1-p)^{\frac{1}{p} \cdot 1500p} \fallingdotseq e^{-1500p} = e^{-0.105} \fallingdotseq 0.9$ ］

3.6 0.847 ［12 分間の来客数が i 人である確率は，$e^{-0.5 \times 12} \dfrac{(0.5 \times 12)^i}{i!}$
そのため，12 分間の来客数が 8 人以下である確率は次のように表すことができる．

$$\sum_{i=0}^{8} e^{-0.5 \times 12} \frac{(0.5 \times 12)^i}{i!}$$

$$= e^{-6} \left(1 + 6 + \frac{6^2}{2!} + \frac{6^3}{3!} + \frac{6^4}{4!} + \frac{6^5}{5!} + \frac{6^6}{6!} + \frac{6^7}{7!} + \frac{6^8}{8!}\right) \fallingdotseq 0.847$$ ］

3.7 $f_Z(z) = e^{-z}$ $(z > 0)$ ［$f_Z(z) = f_X(e^{-z})|(e^{-z})'| = e^{-z}$ $(z > 0)$ ］

3.8 $g(u, v) = \dfrac{1}{\Gamma(k_1)\Gamma(k_2)} u^{k_1-1}(1-u)^{k_2-1} v^{k_1+k_2-1} e^{-v}$

$g_U(u) = \dfrac{1}{B(k_1, k_2)} u^{k_1-1}(1-u)^{k_2-1}, g_V(v) = \dfrac{1}{\Gamma(k_1 + k_2)} v^{k_1+k_2-1} e^{-v}$

$\Big[$ U, V を X, Y について解くと，$X = UV, Y = V(1 - U)$

ヤコビアンは，$J = \begin{vmatrix} v & -v \\ u & 1-u \end{vmatrix} = v,$ したがって，

$$g(u, v) = (uv)^{k_1 - 1} \frac{e^{-(uv)}}{\Gamma(k_1)} (v(1 - u))^{k_2 - 1} \frac{e^{-(v(1-u))}}{\Gamma(k_2)} \cdot |J|$$

$$= \frac{1}{\Gamma(k_1)\Gamma(k_2)} u^{k_1 - 1}(1 - u)^{k_2 - 1} v^{k_1 + k_2 - 1} e^{-v}$$

次に，確率変数 U の周辺確率密度関数を計算する．同時確率密度関数 $g(u, v)$ を v で積分する．

$$g_U(u) = \int_{-\infty}^{\infty} g(u, v)dv = \frac{1}{B(k_1, k_2)} u^{k_1 - 1}(1 - u)^{k_2 - 1}$$

ここで，確率変数 U はベータ分布に従うという．最後に，確率変数 V の周辺確率密度関数を計算する．同時確率密度関数 $g(u, v)$ を u で積分する．

$$g_V(v) = \int_{-\infty}^{\infty} g(u, v)du = \frac{1}{\Gamma(k_1 + k_2)} v^{k_1 + k_2 - 1} e^{-v} \Big]$$

第4章　正規分布とモーメント母関数

◇◆ 問題4 ◆◇ (p.80)

4.1　0.154, 0.9582 $\Big[$ 確率変数 X_1, X_2, X_3 を平均 8，分散 4 の正規分布に従う互いに独立な確率変数とする．

∗　3回独立に測定して，1回目が 12 以下，2回目が 10 以上，3回目が 14 以下である確率は確率変数 X_1, X_2, X_3 が独立であるため，

$$P(X_1 \leqq 12, X_2 \geqq 10, X_3 \leqq 20) = P(X_1 \leqq 12) \cdot P(X_2 \geqq 10) \cdot P(X_3 \leqq 20)$$

$$= P\left(\frac{X_1 - 8}{2} \leqq 2\right) \cdot P\left(\frac{X_2 - 8}{2} \geqq 1\right) \cdot P\left(\frac{X_3 - 8}{2} \leqq 3\right)$$

$$= 0.9772 \times 0.1587 \times 0.9987 \fallingdotseq 0.15488$$

（※上記の確率は，Microsoft Excel のコマンド「NORM.S.DIST(2, TRUE)」，「1-NORM.S.DIST(1, TRUE)」，「NORM.S.DIST(3, TRUE)」で求められる．）$\Big]$

∗　3回の測定値の平均が 10 以下である確率は測定値の平均が $(X_1 + X_2 + X_3)/3$ であり，正規分布の再生性より $X_1 + X_2 + X_3$ は平均 24，分散 12 の正規分布に従う．したがって，

$$P\left(\frac{X_1 + X_2 + X_3}{3} \leqq 10\right) = P\left(\frac{X_1 + X_2 + X_3 - 24}{\sqrt{12}} \leqq 1.73205080\right)$$

$$\fallingdotseq 0.9582$$

(※上記の確率は, Microsoft Excel のコマンド「NORM.S.DIST(1.73205, TRUE)」
で求められる.)]

4.2 (1) 1065 人　(2) 617 人　[(1) 確率変数 X を平均 120, 標準偏差 20 の正規
分布にしたがう確率変数とする. 作業に向いている従業員は IQ 100 以上 IQ 130
以下であるため, この範囲に IQ が属する従業員の割合は, X を標準化して,

$$P(100 \leq X \leq 130)$$

$$= P\left(-\infty < \frac{X - 120}{20} < \frac{1}{2}\right) - P\left(-\infty < \frac{X - 120}{20} < -1\right)$$

$$= 0.6915 - 0.1587 = 0.5328$$

したがって, $2000 \times 0.5328 = 1065$(人)

(※上記の確率は, Microsoft Excel のコマンド「NORM.S.DIST(0.5, TRUE), NORM.S.DIST(-1, TRUE)」で求められる.)

(2) 確率変数 X を平均 120, 標準偏差 20 の正規分布に従う確率変数とする. こ
の作業を行うことができるが, 効率が悪くなる従業員は IQ 130 以上である. した
がって,

$$P(X \geq 130) = 1 - P\left(-\infty < \frac{X - 120}{20} < \frac{1}{2}\right) = 0.3085$$

したがって, $2000 \times 0.3085 = 617$(人)

(※上記の確率は, Microsoft Excel のコマンド「NORM.S.DIST(0.5, TRUE)」で求めら
れる.)]

4.3 $a \fallingdotseq 21.4$ [確率変数 X を標準化すると,

$$P\left(-\infty < \frac{X - 15}{5} < \frac{a - 15}{5}\right) = 0.9$$

したがって, $\dfrac{a - 15}{5} \fallingdotseq 1.28, \ a \fallingdotseq 21.4$

(※ 標準正規分布の臨界値 $(a-15)/5$ は, Microsoft Excel のコマンド「NORM.S.INV(0.9)」
で求められる.)]

4.4 $\mu = 20$ [確率変数 X を標準化すると,

$$P\left(\frac{20 - \mu}{6} < \frac{X - \mu}{6} < \infty\right) = 0.5$$

したがって, $\dfrac{20 - \mu}{6} = 0, \ \mu = 20$]

4.5 $P(4 < X < 9) = 0.3607$ 〔確率変数 X は，正規分布 $N(5, 25)$ に従うため，標準化すると，

$$P(4 < X < 9) = P\left(-\frac{1}{5} < \frac{X-5}{5} < \frac{4}{5}\right)$$

$$= P\left(-\infty < \frac{X-5}{5} < \frac{4}{5}\right) - P\left(-\infty < \frac{X-5}{5} < -\frac{1}{5}\right)$$

ここで，

$$P\left(-\infty < \frac{X-5}{5} < \frac{4}{5}\right) = 0.7881, P\left(-\infty < \frac{X-5}{5} < -\frac{1}{5}\right) = 0.4207$$

(※ 上記の確率は，Microsoft Excel のコマンド「NORM.S.DIST(0.8, TRUE)」，「NORM.S.DIST(-0.2, TRUE)」で求められる.)

したがって，$P(4 < X < 9) = 0.3607$ 〕

第5章　χ^2 分布・t 分布・F 分布
◇◆ 問題5 ◆◇ (p.105)

5.1 (1) $a = 178.48$　(2) $b = 168.48$

〔(1) $P\left(\sum_{i=1}^{15}(X_i - 15)^2 \geqq a\right) = P\left(\sum_{i=1}^{15} \frac{(X_i - 15)^2}{8} \geqq \frac{a}{8}\right) = 0.1$

$\sum_{i=1}^{15} \frac{(X_i - 15)^2}{8}$ は自由度 15 の χ^2 分布に従うため，$\frac{a}{8} = 22.31$

(※ 自由度 15 の χ^2 分布の臨界値 $a/8$ は，Microsoft Excel のコマンド「CHISQ.INV.RT(0.1, 15)」で求められる.)

(2) $P\left(\sum_{i=1}^{15}(X_i - \overline{X})^2 \geqq b\right) = P\left(\sum_{i=1}^{15} \frac{(X_i - \overline{X})^2}{8} \geqq \frac{b}{8}\right) = 0.1$

$\sum_{i=1}^{15} \frac{(X_i - \overline{X})^2}{8}$ は自由度 14 の χ^2 分布に従うため，$\frac{b}{8} = 21.06$

(※ 自由度 14 の χ^2 分布の臨界値 $b/8$ は，Microsoft Excel のコマンド「CHISQ.INV.RT(0.1, 14)」で求められる.) 〕

5.2 0.39 〔 $(1, 1, 2)$ との距離が 3 以上である確率は，$P((X-1)^2 + (Y-1)^2 + (Z-2)^2 \geqq 3)$

$X-1, Y-1, Z-2$ は $N(0, 1)$ に従うため，$(X-1)^2 + (Y-1)^2 + (Z-2)^2$ は，自由度 3 の χ^2 分布に従う.

したがって，$P((X-1)^2 + (Y-1)^2 + (Z-2)^2 \geqq 3) = 0.39$

(※ 上記の確率は，Microsoft Excel のコマンド「CHISQ.DIST.RT(3, 3)」で求められる．)]

5.3 $a = 8.22$ $\left[\ P((X-3)^2 + (Y-3)^2 + (Z-3)^2 \leqq a)\right.$

$$= P\left(\frac{(X-3)^2}{2} + \frac{(Y-3)^2}{2} + \frac{(Z-3)^2}{2} \leqq \frac{a}{2}\right) = 0.75$$

$\dfrac{X-3}{\sqrt{2}}, \dfrac{Y-3}{\sqrt{2}}, \dfrac{Z-3}{\sqrt{2}}$ は $N(0,1)$ に従うため，$\dfrac{(X-3)^2}{2} + \dfrac{(Y-3)^2}{2} + \dfrac{(Z-3)^2}{2}$
は，自由度 3 の χ^2 分布に従う．

したがって，$P\left(\dfrac{(X-3)^2}{2} + \dfrac{(Y-3)^2}{2} + \dfrac{(Z-3)^2}{2} \geqq \dfrac{a}{2}\right) = 0.25$ であるため，$\dfrac{a}{2} = 4.11$

(※ 自由度 3 の χ^2 分布の臨界値 $a/2$ は，Microsoft Excel のコマンド「CHISQ.INV.RT(0.25, 3)」で求められる．)]

5.4 $-1.4758, -1.3721, -1.310415, -1.29077,$ 標準正規分布 -1.281551
[(※ 自由度 $5, 10, 30, 100$ の t 分布の臨界値と標準正規分布の臨界値は，Microsoft Excel のコマンドを用いて，次のように求められる．

- 自由度 5 : -T.INV.2T(0.2, 5)

- 自由度 10: -T.INV.2T(0.2, 10)

- 自由度 30: -T.INV.2T(0.2, 30)

- 自由度 100: -T.INV.2T(0.2, 100)

- 標準正規分布: NORM.S.INV(0.1)

]

5.5 $3.32584, 4.73506$
[(※ 自由度 $(5,10)$，$(10,5)$ の F 分布の臨界値は，Microsoft Excel のコマンドを用いて，次のように求められる．

- 自由度 $(5,10)$: F.INV.RT(0.05, 5, 10)

- 自由度 $(10,5)$: F.INV.RT(0.05, 10, 5)

]

5.6 約 69% [B 君が勝利する条件は，$Y_1{}^2 + Y_2{}^2 < X_1{}^2 + X_2{}^2$ であるため，求める確率は，

$$P(Y_1{}^2 + Y_2{}^2 < X_1{}^2 + X_2{}^2) = P\left(\frac{Y_1{}^2 + Y_2{}^2}{X_1{}^2 + X_2{}^2} < 1\right)$$

$\dfrac{X_1{}^2 + X_2{}^2}{9}$ と $\dfrac{Y_1{}^2 + Y_2{}^2}{4}$ は，ともに自由度 2 の χ^2 分布に従うため，$\dfrac{9(Y_1{}^2 + Y_2{}^2)}{4(X_1{}^2 + X_2{}^2)}$ は自由度 $(2, 2)$ の F 分布に従う．したがって，

$$P\left(\frac{Y_1{}^2 + Y_2{}^2}{X_1{}^2 + X_2{}^2} < 1\right) = P\left(\frac{9(Y_1{}^2 + Y_2{}^2)}{4(X_1{}^2 + X_2{}^2)} < \frac{9}{4}\right) = 0.6923$$

（※ 上記の確率は，Microsoft Excel のコマンド「1-F.DIST.RT(2.25,2,2)」で求められる．）]

第 6 章　記述統計

◇◆ 問題 6 ◆◇ (p.113)

6.1　(1) 次表左　(2) 平均値：170.23 (cm)，中央値：171.5 (cm)，レンジ：35 (cm)，分散値：81.43

階級	度数	相対度数
～159	5	0.17
160～163	4	0.13
164～167	3	0.1
168～171	3	0.1
172～175	6	0.2
176～179	4	0.13
180～183	3	0.1
183～	2	0.067

順番	身長	順番	身長	順番	身長
1	155	11	166	21	175
2	157	12	167	22	176
3	158	13	169	23	176
4	159	14	170	24	176
5	159	15	171	25	178
6	160	16	172	26	180
7	161	17	173	27	182
8	162	18	173	28	182
9	163	19	173	29	184
10	165	20	175	30	190

[(2) 男子学生 30 人の身長 (cm) のデータを昇順に並べ替えると右表のようになる．15 番目と 16 番目の学生の身長は，それぞれ 171 cm，172 cm であるため，中央値は，$171.5(= (171 + 172)/2)$ (cm) であり，レンジは，$35(= 190 - 155)$ (cm) となる．]

6.2　(1) -0.99　(2) 0.919　(3) 0.07

[(1) $\overline{x} = 3, \overline{y} = \dfrac{17}{5}, \sigma_{xy} = -\dfrac{13}{5}, \sigma_x{}^2 = 2, \sigma_y{}^2 = \dfrac{86}{25}$

$\quad r = \dfrac{\sigma_{xy}}{\sigma_x \sigma_y} = -0.99$

(2) $\overline{x} = 3, \overline{y} = \dfrac{17}{5}, \sigma_{xy} = \dfrac{14}{5}, \sigma_x{}^2 = 2, \sigma_y{}^2 = \dfrac{116}{25}$

$\quad r = \dfrac{\sigma_{xy}}{\sigma_x \sigma_y} = 0.919$

(3) $\overline{x} = 3, \overline{y} = \dfrac{17}{5}, \sigma_{xy} = \dfrac{1}{5}, \sigma_x{}^2 = 2, \sigma_y{}^2 = 4.04, r = \dfrac{\sigma_{xy}}{\sigma_x \sigma_y} = 0.07$]

第 7 章　推測統計

◇◆ 問題 7 ◆◇ (p.139)

7.1　$19.3 \leqq \mu \leqq 20.7$　[分類 a：母分散既知]

7.2　$11.1\,分 \leqq \mu \leqq 16.9\,分$　[分類 c：母分散未知，小標本]

7.3　$6.63\,分 \leqq \mu \leqq 11.8\,分$　[分類 c：母分散未知，小標本]

7.4　$34,284\,\mathrm{km} \leqq \mu \leqq 35,716\,\mathrm{km}$　[分類 b：母分散未知，大標本]

7.5　$7.87 \leqq \mu \leqq 7.98$　[分類 c：母分散未知，小標本]

7.6　$239\,\mathrm{L} \leqq \mu \leqq 249\,\mathrm{L}$　[分類 c：母分散未知，小標本]

第 8 章　検定

◇◆ 問題 8 ◆◇ (p.182)

8.1　帰無仮説は棄却されない　[平均値の検定，分類 c，$t = -1.789 > -2.093 = -t_{19,0.025}$]

8.2　対立仮説が採択される　[平均の差の検定，母分散未知の大標本，$z = -2.561 < -1.96 = -z_{0.025}$]

8.3　差はない　[平均の差の検定，母分散未知の大標本，$z = -0.876 > -2.575 = -z_{0.005}$]

8.4　仕様通りではない　[平均値の検定，分類 b，$t = -4.899 < -2.571 = t_{5,0.025}$]

8.5　立証している　[平均値の検定，分類 b，$z = -4.667 < -1.64 = -z_{0.05}$，左側検定]

8.6　棄却されない　[平均値の検定，分類 b，$z = -2.50 > -2.575 = -z_{0.005}$]

8.7　認められない　[平均値の検定，分類 b，$z = -2.918 < -1.96 = -z_{0.05}$，左側検定]

8.8　合格としてよい　[分散の検定，母平均未知，$t = 1.492 < 2.167 = \chi^2_{7,0.05}$，右側検定]

関 連 図 書

[1] 稲垣宣生 『数理統計学』 (裳華房, 2003)

[2] 内田 治 『すぐわかる EXCEL による統計処理』 (東京図書, 1999)

[3] 岡本雅典・鈴木義一郎・杉山高一・兵頭 昌 『新版基本統計学』 (実教出版, 2012)

[4] 川野常夫 『品質管理のための統計学』 (技術評論社, 2012)

[5] 鐵 健司 『品質管理のための統計的方法入門』 (日科技連, 2010)

[6] 小島寛之 『確率的発想法 数学を日常に生かす』 NHK ブックス 991 (日本放送出版協会, 2004)

[7] 小寺平治 『新統計入門』 (裳華房, 1999)

[8] 白旗慎吾 『統計解析入門』 (共立出版, 1992)

[9] 鈴木義一郎 『統計解析法の原理』 (朝倉書店, 1983)

[10] 谷津 進・宮川雅巳 『品質管理』 (朝倉書店, 2010)

[11] 西内 啓 『統計学が最強の学問である』 (ダイヤモンド社, 2013)

[12] 日本統計学会 編 『データの分析』 (東京図書, 2020)

[13] 野田一雄・宮岡悦良 『入門・演習 数理統計』 (共立出版, 2008)

[14] 長谷川勝也 『確率・統計のしくみがわかる本』 (技術評論社, 2004)

[15] 馬場敬之・久池井茂 『スバラシク実力がつくと評判の統計学キャンパス・ゼミ』 (マセマ, 2010)

[16] ホーエル,P.G. 『初等統計学』 浅井晃・村上正康 共訳 (培風館, 2009)

[17] 村上雅人 『なるほど統計学』 (海鳴社, 2006)

索　引

著者略歴

足達 義則（あだち よしのり）

1976 年　名古屋大学理学部卒業
現　在　中部大学経営情報学部教授
　　　　工学博士
主要著書　FORTRAN77 による数値計算法
　　　　経営と情報のための数学概論
　　　　コンピュータ概論
　　　　情報リテラシ I, II

市原 寛之（いちはら ひろゆき）

2019 年　南山大学大学院理工学研究科修了
現　在　中部大学経営情報学部講師
　　　　博士（数理科学）

統計入門（とうけいにゅうもん）

2023 年 9 月 1 日　　第 1 版　第 1 刷　印刷
2023 年 9 月 10 日　　第 1 版　第 1 刷　発行

著　　者　　足 達 義 則
　　　　　　市 原 寛 之
発 行 者　　発 田 和 子
発 行 所　　株式会社　学術図書出版社

〒113-0033　　東京都文京区本郷 5 丁目 4 の 6
TEL 03-3811-0889　振替 00110-4-28454
　　　　　　　印刷　三和印刷 (株)

定価はカバーに表示してあります.